U0150592

Inventing

Future

Cities

# 创造
# 未来
# 城市

[英] 迈克尔·巴蒂 _著
（Michael Batty）

徐蜀辰　陈珊怡 _译

中信出版集团 | 北京

**图书在版编目（CIP）数据**

创造未来城市 /（英）迈克尔·巴蒂著；徐蜀辰，
陈玥怡译. -- 北京：中信出版社，2020.1
　　书名原文：Inventing Future Cities
　　ISBN 978-7-5217-1106-6

　　I. ①创… II. ①迈… ②徐… ③陈… III. ①城市规
划 - 普及读物 IV. ①TU984-49

中国版本图书馆CIP数据核字（2019）第218257号

Inventing Future Cities by Michael Batty
Copyright © Massachusetts Institute of Technology
Simplified Chinese translation copyright © 2019 by CITIC Press Corporation
ALL RIGHTS RESERVED
本书仅限中国大陆地区发行销售

**创造未来城市**

著　　者：[英] 迈克尔·巴蒂
译　　者：徐蜀辰　陈玥怡
出版发行：中信出版集团股份有限公司
　　　　　（北京市朝阳区惠新东街甲4号富盛大厦2座　邮编　100029）
承 印 者：北京诚信伟业印刷有限公司

开　　本：880mm×1230mm　1/32　　　印　　张：10　　　　字　　数：175千字
版　　次：2020年1月第1版　　　　　　印　　次：2020年1月第1次印刷
京权图字：01-2019-4732　　　　　　　广告经营许可证：京朝工商广字第8087号
书　　号：ISBN 978-7-5217-1106-6
定　　价：56.00元

我们活着就是发明与创造的恩赐，这不仅仅在于已有的发明创造，更在于我们对未来将会产生的创造心怀希望。

——诺伯特·维纳《发明》

〈目
录〉

我们中的大多数人都相信人类无法预测未来，但这其实是最近几百年间才出现的现象。在过去，人类的生活世世代代似乎少有改变。人们日出而作，日落而息，参与的许多社会活动终其一生可能没什么变化。大约5 000年前首次出现的城市也反映了这种相对稳定性。对于当时的人来说，假设未来城市的物理形态和与之匹配的功能在数百年后鲜有变化完全合乎逻辑。直到欧洲文艺复兴运动以来的500年里（或许其实是工业革命开始以来的200年里），我们才开始重新审视长期以来认为未来一成不变的观念。

在本书中，我想说的是，关于我们能够预测什么（或不能预测什么），我们正处在一个转折点上。我们正处于一个科学观快速成熟的时期，按照我们科学观发展的方向，预测不再是判断科学的适用性和重要性的唯一决定要素。几百年来，城市呈现出一种简单空间结构，以一个明确的中心为核心，核心正体现了城市被设计用于处理和转换的权力与财富。拥有一个高密度的核心，以不同方式被利用、进行着不同类型活动的土地以同心圆的形式围绕在核心周围，这样最富有的人就能以价高者得的方式占据最易到达的区位。这种城市的形象自农业革命期间第一批城市出现以来就一直存在。

而现在，这些都在改变。当下正在发生的事情是，城市的外表和城市内部发生的事情之间出现了巨大的脱节。我们不能再假设形式追随功能，自古典时代以来主导城市规划的确定性正在消失。城市正以超出我们理解能力的速度变得越来越复杂，而我们在不到半个世纪前都还在崇尚的理论已不再适用。在这场转变中，可预测性正在迅速消失——这正是本书的主题之一。创造是本书的另一个主题，我将在本书中反复强调，未来是由我们创造的。尽管"创造"看起来像是对"预测"的另一种表述，但我们永远无法预测我们的创造。因此，在谈论我们想象的未来城市可能是什么面貌时，我们受到了双重因素的束缚。事实上，未来城市看起来可能与当下的城市非常相似，但其中的一切都可能与我们目前所看到的不同。我认为，这将是今后的常态。

本书没有为创造未来城市提出最终方案，因为这需要我们所有人思考城市的方式发生巨大变化才能进行。我试图做的是收集一系列所需的快照或地形视图来思考未来。我介绍的大部分材料都来自各类学者关于如何思考这一未来的总体反思，与此同时我还得到了我所在研究团队的极大帮助，我在本书中指出的许多有关当代城市的观点都是由他们发展出来的。2010年，我很幸运地获得了欧盟研究理事会高级基金，我的研究中心里很多帮助我完成此项工作的同事都是这项基金招募来的，也正是他们让我留任于伦敦大学学院。我在下文中会详细说明他们每个人各自的贡献，但在这里我仍要特别感谢一下。在此期间，计算机已经缩小到足以嵌入我们生活中最精细的结构，这使我们得以对世界做出新的响应，并捕获关于我们自身行为的大量数据。社交媒体也许是这种演变最突出的案例。事实上，我的研究受到了同事们的深刻影响，他们不像我这样受制于半个世纪以来的学术包袱，他们的想法对我试图在本书中采纳的观点具有巨大影响力。与此同时，统计物理学和经济学的新思潮开始侵入我们的世界，它们丰富、扩展并质疑了我们关于城市如何形成和发展的理论，城市科学由此得以迅速发展。复杂性理论是其中的发展先锋，其本身已经让我们开始质疑我们预测未来的能力。

在我的研究组中，艾尔莎·阿尔考特（Elsa Arcaute）在管理我们的城市科学研究项目方面做得非常出色，并且与克莱门蒂娜·科蒂诺（Clementine Cottineau）一起令我们重燃了在城市规模、扩散、渗透和创新方面的兴趣。卡洛斯·莫里内罗斯（Carlos Molineros）为定义了英国区域和城市以及伦敦社区的等级制度和渗透方面的研究做出了关键贡献。邓肯·史密斯（Duncan Smith）在巨型城市和城市扩张形象的可视化方面补充了这项研究的很多内容。在实时城市方面，乔恩·里兹（Jon Reades）在与彼得·霍尔（Peter Hall）和我一起完成了关于英格兰东南部信息流的学位论文之后，开始利用伦敦智能卡数据研究运输系统功能，而钟晨（Chen Zhong）和艾德·曼利（Ed Manley）在乔恩去往国王学院任职后完善了此项工作。理查德·米尔顿（Richard Milton）用伦敦各种交通方式的实时交通流补充了这项研究。史蒂文·格雷（Steven Gray）开始着手通过他的城市仪表板来包装这些实时数据，奥利·奥布赖恩（Ollie O'Brien）通过各种门户网站扩展了这些想法，例如他的伦敦全视镜（London Panopticon）项目。法比安·诺伊豪斯（Fabian Neuhaus）于2009年开始绘制推特数据，而霍安·塞拉斯（Joan Serras）则开始了交通流可视化的工作，并使用马德里和巴塞罗那的信用卡数据可视化交通流，从而扩展了这一工作。沈尧（Yao Shen）帮助开发了将伦敦根据通勤强度聚合为连续区域的算法。所有这些研究应用都将在正文中适当的段落被提及。

  我在多年前就开始认真思考城市形态与功能，但在20世纪80年代初有了计算机图形学的帮助后，我的研究才如虎添翼。这很快促成了我与保罗·朗利（Paul Longley）教授关于分形城市的合作，使我们走上了本书中描述的科学道路。保罗继续与我们密切合作，研究当代城市的地理人口统计，我们在UCL的两个小组也共同进行关于社交媒体的工作。我早期的两位导师彼得·霍尔和莱昂内尔·马奇（Lionel March）将我的兴趣聚焦于社会经济结构、城市增长以及几何形态。他们的贡献将被铭记多年，这些贡献反映在贯穿本书的许多主题中。彼得在思考未来城市方面做出了传奇性的贡献。我想他会对我写作本书感到惊讶，但我希望他会感到高兴，因为我在这里提到的几个主题——长波、奇点、蔓延和紧凑性，以及城市对科技和文化创新的巨大影响，都是他毕生探讨的话题。本书的书页里无处不渗透着莱昂内尔对城市形态和功能的热爱，他在环境几何中确立的研究方向继续丰富着我们对城市未来的观点。在我先前出版的《城市新科学》（*The New Science of Cities*，麻省理工学院出版社，2013）中，莱昂内尔认为，我应该更加重视本顿·麦凯（Benton Mackaye）关于城市流是如何定义那些以各种方式改变城市的力量的观点。我在这本书里讨论未来城市以什么样的方式继续向外、向内和向上扩张和收缩时，已经尝试采纳了他的建议。

当今的世界愈加错综复杂，我们的每一项行为背后都由信息支撑，我认为，在这样的世界中，我们需要更多地探讨有关城市的话题。事实上，自城市最初出现以来，情况一直如此，但直到最近，大约在25年前，我们才开始进入这样一个世界：我们的每一个行动都是通过即时通信来调节的。对于我们所在的全球城市互联的世界来说，这意味着什么？这是我在本书中提出的另一项重大挑战。从这个意义上说，这本书同所有这类书一样，都是未完成的事业。正如我自始至终所讨论的，我们永远不会知道未来城市的模样，就像我们永远不会知道我们和其他物种会向什么方向演化一样。但我们可以就这一未来进行有见地的讨论，阐明关键问题，并设想这些问题可能如何演变。未来城市的物理形态会很有趣，但这只是未来的众多特征之一。

如果没有麻省理工学院出版社的编辑贝丝·克莱文格（Beth Clevenger）的热心推进，这本书不可能付梓。我还要感谢麻省理工学院出版社的安东尼·赞尼诺（Anthony Zannino）和弗吉尼娅·克罗斯曼（Virginia Crossman）对手稿的编辑。我的妻子苏，一如既往地支持了我写这本书，她以她的智慧宽容了我的怪癖和缺点，使本书从想法变为现实。

迈克尔·巴蒂

于小不列颠

2018年3月

第 1 章

# 可预测性、复杂性与创造未来

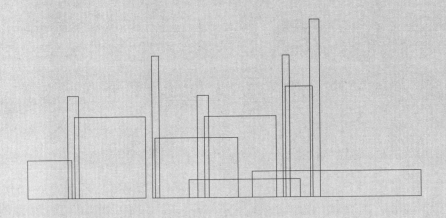

我们无法通过理性或科学方法来预测科学
知识的未来发展……因此，我们也无法预测人类
历史的进程。

——卡尔·波普尔《历史决定论的贫困》

20世纪中叶，伟大的科学哲学家卡尔·波普尔（Karl Popper）在一篇激动人心的文章中有理有据地证明可预测的未来并不存在。正如上述引文所突出强调的那样，我们不可能预测未来的进程[1]。他的论点基于一个非常简单的前提：在我们的经验、掌控力或知识背景之外总会存在无关的事件，这会使任何此类预测的有效性降低。此外，作为具有自我意志的人类，我们自己也会一直创造这些不相干的事件，也可以说是在创造未来。但我们无法确定从此刻到下一刻，这一未来是什么。许多评论都已阐明，未来是被创造的，而非被预测的。诺贝尔物理学奖得主丹尼斯·加博尔（Denis Gabor）在1963年说："未来不可预知，但未来可被创造。"而在20世纪70年代，施乐帕克研究中心的首席科学家艾伦·凯（Alan Kay）总是强调："预测未来的唯一方法是创造它。"[2]如果这是事实，而当下许多人也都将其归因于波普尔的观点，那么就不存在预测一说，虽然在我们教给孩子的科学中，预测的力量其实在不断增强。

　　这是非常难以理解的认知。既然知道过去的一些事情，我们自然倾向于认为未来至少和过去一样可知。但这正是逻辑总让我们失望之处，我们的直觉不再胜出。此外，我们也倾向于认为短期或近期的未来比长期的未来更容易预测，我们对短期事件拥有更多的掌控权，我们可以更好地预测短期事件而非长期事件。但波普尔的论点是不存在中间地带的。短期预测并不比长期预测更容易实现，尽管在许多情况下我们会认为近期的未来更接近于当下，而非遥远的未来。时间的流逝会影响可预测性，这一观点是基于这样一个假设，即更长的时间周期内会发生更多的极端事件。但只要经过片刻的反思，我们就会明白，极端事件之所以被称为极端事件，正是因为我们不知道它何时会发生。类似这样的事件并不会以稳定持续的形式造成干扰，而是离散而不确定的，从而破坏了一切认为世界可预测的观念。总而言之，未来由一系列的事件组成，它们的大小和尺度，以及在时空中出现的位置都是随机的。从这个角度来说，长远来看，在任何一个时刻，没有任何一件事比另一件事发生的可能性更大。

事实上，波普尔首先阐明的基本观点并不是说未来本身是不可预测的，而是说任何理论的预测都无法被证明真伪。从波普尔的观点出发，可以得到一个某种程度上有悖常理的理论思潮：正如我们可以说未来不可知且本质上是不可预测的，我们也可以说我们不知道这种不可预测性的假设是否会被推翻。对于某一特定理论，我们所能说的就是它可以被证伪，而波普尔的真正贡献和见解是扩展和定义了这种证伪的条件。科学通常假设一个好的理论能够抵御证伪的挑战，并且只要人们乐意进行越来越多的观察（也可以说形成对未来的预测），好的理论的逻辑将不断被加强。这就是所谓的归纳法，但它仅是一种工作模板。正如波普尔所生动论证的那样，在某些方面，这种模板总是存在明显的错误。

在作为工业革命先锋的启蒙运动时期，休谟等哲学家首先提出了归纳法。但正如波普尔在科学方法方面所论证的那样，新的事实永远无法准确无误地证实一个假说，因为总有可能出现更新的事实来反驳所考虑的理论或假说。因此，归纳法存在致命的缺陷。持续的归纳不能导向真理，因为总有可能出现自相矛盾的事实。最近被广泛讨论并由纳西姆·尼古拉斯·塔勒布普及的"黑天鹅"概念，表达的也是这一思想[3]。"所有天鹅都是白色的"一直是一条经验法则，直到有人在澳大利亚发现了一只黑天鹅。伯特兰·罗素关于使用归纳法的火鸡的故事则比黑天鹅更为生动。那是一只每天早晨醒来后在9点钟被准时喂食的火鸡，日复一日，每一天均是如此。作为一名优秀的归纳主义者，火鸡认为这一情况会一直延续下去。直到圣诞节前夕，火鸡醒来后直接被宰杀。火鸡没有考虑，也无法考虑到更广泛的背景信息。[4]

简而言之，这意味着所有人所能做的唯一一件事就是证伪一个假设，但无法证实之。但一个延伸问题是为什么会这样。对于黑天鹅和火鸡来说，这是因为假设或理论所涉及的系统是有边界的。如果我们在发现澳大利亚之前就知道了黑天鹅的存在（这是一种自相矛盾的说法），那表明我们已经观察到黑天鹅了。如果火鸡能够退后一步，看看一代代火鸡都经历了什么，它就会意识到美好的生活总是会结束的。简而言之，通过扩大参考系，背景知识会发生改变，被认为是不可能的事情也会成为可能，反之亦然。这对于我们将要在本书中看到的有关城市的思考绝对是至关重要的。因为在许多方面，我们的整个论点都基于这样一种概念：即存在多种定义，没有一个定义是绝对"准确的"（correct），没有一个理论是完全"正确的"（right）。这种认识在一定程度上一直是科学的一部分，而波普尔最先在《科学发现的逻辑》（*The Logic of Scientific Discovery*）中正式阐述了这一切，大声疾呼所有科学所能做的只是证伪一个假设，而非证实一个假说。[5] 好的科学理论应该寻求可以被反驳的猜想，科学进步的衡量标准则是在任何假说都可能错误的背景下，假说抵抗证伪的程度。这是波普尔向我们普及的观念。

## 有关城市的任何事物都可以预测吗？

然而，未来的不可预测程度与寻求预测的背景知识范围有重要的关联。有时我们可以将系统从宏观环境中完全隔离并抽象化，从理论上消除各种无关事件发生的可能性。在这种情况下，我们或许可以证明某些简化模型足够稳定，可以生成乍看之下完全确定的预测。波普尔自己就认为，牛顿在当时已知的明确可用的封闭系统——太阳系中证明了他的运动定律的确定性。我们凭借这种可预测性和简单性，就能应用牛顿力学的完整定律，如发射绕地球轨道运行的卫星以及向行星发射无人探测器。简而言之，我们可以使用牛顿方程有把握地计算太阳系中的火箭轨道，然而一旦扩展到宇宙范围内，所有这些都不再成立，我们不得不考虑相对论效应。但是，当我们研究社会和城市时，这样的隔离是不可能的。在近两个世纪里，某种程度上在物理学阴影下建立的经济学理论大厦就曾多次遭到证伪。当下，在我们亲手创造的全球化世界中，似乎每件事都与其他事情相关，在这种情况下，需要隔绝外部环境以进行稳健预测的前提难以实现。

在某种程度上，可预测的内容取决于我们所观察的系统或对象。我们所感知的城市是多重决策过程的集合体，这些决策过程生成了与我们如何在时空中组织社会和经济活动相关的设计与决定。这些集合体很难预测，但它们由多个元素组成，其中一些元素比其他元素更容易预测。其中，许多是具有高度可预测性的常规决策，但总体来说，这种可预测性是令人困惑的。当我们考察这些构成城市的事件短期内的发展时，事件越常规，其可预测程度就越高。这违背了波普尔的观点，即任何事件都是不可预测的，不管其持续时间有多久。菲利普·泰特洛克（Philip Tetlock）和丹·加德纳（Dan Gardner）一再强调，我们自己的行为在很大程度上可以被预测，虽然我们还无法很好地理解这种可预测性。诚然，到目前为止，人们还没有能够找出一个判断依据，以区分出哪些是可预测的，哪些是不可预测的。预测成立的条件在很大程度上仍然是未知的。[6]

我们对预测的观点在持续地变化，而且我们正经历的巨大转变很可能会进一步改变我们的观点。波普尔关于复杂系统无法预测的论点无懈可击，而关于我们过去认为可以被预测的日常行为，我们的观点也在改变。毋庸置疑，我们有关预测的知识正在循序渐进地增长，我们也已开始收集证据来分析什么类型的常规预测是可能的。

与此同时，不断革新的技术为行动和互动空间提供了新的机会，城市的日常行为也随之发生变化。某种意义上，我们对一些事件的预测能力在不断增强，而对于其他事件而言，随着决策环境变得越来越不稳定，我们对其的预测能力正在减弱。在本书的大部分篇幅中，笔者将探讨我们认为在很大程度上不可预测的问题，但当我们研究更加具体的日常行为形式及其城市动力时，我们将介绍如何通过短期预测的方式来思考未来城市的样貌。尽管如此，我们对未来城市的各种创造都涉及本质上不可预测的深层变化，而这些变化将继续主导有关未来将如何发展的观念。

如今，人们普遍认为，社会系统和城市与其说是机器，不如说是有机体。从这个意义上讲，它们是无数个人和群体决策的产物，并不从属于任何宏大计划。这些行为导致自组织的结构，并表征为涌现①行为（emergent behavior），我们将在后面的章节中对此进行更详尽的阐述。城市发展的这个概念与我们创造的产物——城市是不可预测的想法非常一致。因此，正如我们在后文中将反复论证的那样，将一个城市从另一个城市或其所属的更广阔的环境中隔离出来是非常困难的。此外，随着新技术的发明，城市变得越来越复杂，这更是让预测未来变得绝无可能。关于隔离的问题将遍及本书中的许多观点。但在我们开始研究当代城市特征的万花筒式属性之前，我们需要回顾并探究简·雅各布斯（Jane Jacobs）所说的"城市属于

---

① 又译作"层展""演生"等，指一个系统的局部组成部分之间发生相互作用而形成的系统全局行为，在物理学、生物学、经济学等涉及复杂系统的学科中都扮演了重要角色。——编者注

哪种问题", 从而引入这一概念——城市是系统, 但与我们在日常生活中所熟知的机械结构与机械动力学过程截然不同。[7]

## 复杂性: 城市属于哪种问题

雅各布斯的灵感有两个来源。首先是她所居住的位于曼哈顿市中心的那些紧密相连、清晰可辨的社区。这些社区正面临威胁, 因为狂热的市政当局正借发展之名拆除建于19世纪、分布范围很广的高密度住宅, 并以高层公共住宅取而代之。与此同时, 该市提出了一个建设大规模高速公路网络的提案以应对机动车的快速增长, 促使人们离开市中心, 搬往郊区, 而这与低密度生活是美国梦的一部分的普遍观念一致。[8]另一灵感来源则是瓦伦·韦弗 (Warren Weaver) 在洛克菲勒基金会的演讲。韦弗时任洛克菲勒基金会自然科学总监, 他对科学包罗万象的描述提出了一种愿景, 他认为适合于各种系统的理论应基于这样的观念: 大多数系统应当自下而上地进行自组织、构建和管理。简而言之, 他阐明了后来被称为 "复杂性理论" 的内容。[9]

结合这两种不同的灵感来源, 雅各布斯认为城市是自下而上构建起来的, 且充满多样性。这些多样性只能来自个体们的单独行动和共同协作, 将自己的想法与建设宜居与可持续环境相适应的过程。她在整本书中都一直在论证城市是以这种方式建造的。在探讨这一课题时, 雅各布斯从自己在曼哈顿生活的经历中汲取了大量经验, 因此这篇论文的大部分都在她的实践中得到了印证, 而在最后一章中，她也从韦弗的演讲中得到了强大的理论支持。60年过去了，城市规划界正缓慢但明确地转向她的观点。随着经验的积累，我们进一步认识到自上而下地尝试和建设城市是多么困难，由于我们无法为强加的死板的总规划提供相应的组织以实现它、控制它，确保它不会被个人破坏，这些规划总是失效。

城市是复杂系统的概念与我们无法预测其未来的概念是完全一致的。但事实上，这些观点的源头与20世纪后期之前的大多数科学一样，都认为世界最终是可预测的。复杂性理论正在迅速改变这种观点，但它的源头在于另一种不同的系统理论，它更多地依赖于自上而下"设计"的系统，而不是自下而上"演化"的系统。这是一种源自20世纪30年代生物学和物理学的"一般系统理论"，其关键点可以用"整体大于其各部分之和"这句话来概括。用路德维希·冯·拜尔陶隆菲（Ludwig von Bertalanffy）的话说，那些试图反对科学长期追求将万物归结为原子等不可分割的基本单位的人有这样一句口号，即不能仅通过累加小单元来组装成完整物体。[10]生物学自然是这一运动的焦点，因为不管是当时还是如今，都显然没有人知道如何从生物体的基本化学物质中产生感知活动。

然而，虽然这一观点在当时具有革命性和争议性，但仅仅采纳这种观点并不能保证我们能提出"部分"如何合成"整体"的新的实用理论。实际上，在20世纪60年代，一般系统理论如火如荼地发展时，讨论主要聚焦于这个概念在许多定义不明确的科学和社会科学领域中的应用是否合乎逻辑，但在展示整体最终是如何从各个部分中衍生出来方面却收效甚微。当然，无论是建筑如何构成城市形态，还是我们作为个体如何聚集成城市集体的方面，城市都是系统理论的典型范例。

以经济学为例。它的发展史是建立在描述一个典型的理性经济人如何分配资源以优化某些个人效用的理论基础上的。这种微观经济学被证明与市场的形成方式是一致的，因为这种个体的相互作用可以产生稳定的固定价格。但如果要描述整个经济体如何分配资源，就需要一种截然不同的理论。宏观经济学把焦点转向了个体的集合及其相互作用上，但没有阐明微观经济学理论如何与宏观经济的运行方式保持一致。这两个层次并非一定不一致，它们只是不同而已。有些人担心聚合问题，但总的来说，还没有人证明将这两种观点整合起来是可能的。

在城市研究中，也存在类似的差异。微观城市经济和宏观城市经济的理论是从20世纪50年代开始发展起来的。微观城市经济基于个人如何在空间中定位，特别是消费者在特定市场中的定位，如住房。而宏观城市经济侧重于人口聚集体之间的相互作用，可类比物理学中势能的定义。事实上，20世纪60年代在这一领域取得的巨大成就之一就是明确表明，能使个体效用最大的空间中的个体资源分配模型与基于引力和势能的宏观物理模型是一致的，并在此基础上建立了空间尺度之间的一致性。

然而，这一成就多少显得有些空洞，因为它对于真正的问题——零部件如何构成整体避而不谈。尽管证明不同层次的理论之间的一致性对于调和理论间的差异而言已经算得上一项成就，但实际系统如何从它们各个部分的基础上发展而来，这一基本机制我们还无法理解。在城市系统方面，人们已经证明，在时间的横截面上，局部决策可以添加到总体决策中。但是，关于城市是如何成长、繁荣、多元化、发展以及改变的，这样的问题甚至还没有进入议程。简而言之，城市的系统理论是围绕着部分组成整体的一个平衡点来构建的，这个平衡点无法应对除具有最大局部影响的变化之外任何形式的变化。复杂性理论的创始人之一约翰·霍兰（John Holland）对这一问题做了很好的总结："城市是一种时间模式。没有哪一个单一组成部分一直存在于一个地方，但城市仍然存在……有人说，是亚当·斯密的'看不见的手'，或者是商业或习俗维持着城市的连贯性，但我们仍然要问，这是如何维持的？"[11]

事实上，一般系统理论在当代的体现就是复杂性理论。但自20世纪初期及中期诞生以来，该理论已经发生了翻天覆地的变化。在提供基本驱动力方面，时间意义上的动力学已变得比结构更为重要，而且城市和所有其他适用的系统总是处于不平衡状态（从周期性变化到灾变和混沌变化），这已成为一般系统运行的"正常"模式。系统可以用静态的方式被解释的想法现在看来是荒谬的，但大多数系统仍然可以并继续以这种方式被描述。关于城市规划的想法一直停留在这样的僵化状态中，时间直到最近都一直为人们所忽视。雅各布斯在写她的经典著作时，情况就是这样。

然而，复杂性理论已经开始研究系统如何随着演化而显示出质的差异，研究它们是如何被锁定在某些显示出路径依赖的行为上的，以及反馈是如何以惊人、新颖的方式促进了增长和衰退。"历史很重要"已成为这种思想的警句。这类理论的早期支持者之一菲利普·安德森（Philip Anderson）证明，尽管物理学的研究程序是还原论式的，但其中也有很多只能用这些术语来描述的例子。尤其是在具有对称性的简单系统被破坏时，他说："我们可以看到整体不仅多于各部分的总和，而且与各部分的总和非常不同。"[12]

从某种意义上说，复杂性理论处理的是具有涌现结构的系统。这种特性显然是城市、经济和生态系统的特征，在这些特征中，令人惊奇的新元素不断演化。这种新特性可能只发生在系统内部的定位方面，但它足够常见以至于为我们所知，又足够不寻常，以至于使用传统方法基本上无法解释。以我们目前对城市的理解，我们只能举出最明显的例子。长期以来，人们已经知道了城市不同空间层次之间的相似性，现在我们可以通过简单的模型来说明小城市是如何扩展成大城市的，这些模型也说明了局部过程是如何生成总体模式的。在后面的章节中我们将介绍其中的一些想法，分形形态学就是一个很好的例子。不过，在某种意义上，分形形态学与复杂性理论的联系太明显了，而甚至在分形几何中，已有的研究也一直聚焦在静态结构上，而不是分形结构实际出现的方式。

当然，动力学是所有这一切的关键。作为建筑师、规划师和城市理论家，我们乐于从形态上了解城市。但光是形态学还不够。它必须被分解，并且分解只能在动态条件下进行。我们需要好的理论和模型来证明在增长条件"正确"的情况下，正反馈如何能产生新的、令人惊讶的结构。虽然我们知道在过去的变化基础上的增量变化是如何通过实现规模经济来产生自己的动力的，但我们仍然不知道这种变化为何会在此处发生。当然，我们通常知道为什么会出现新的活动集群，比如边缘城市，但是我们不知道这种变化为什么会在特定的地点发生。我们可以跟踪发展过程，从区域经济学的角度阐述这种变化，但我们从来不知道这种现象可能在何时或何处发生。因此，涌现才是关键。霍兰再一次将其定义为"少中得多（much coming from little）"[13]，这呼应了菲利普·安德森对路德维希·密斯·凡德罗（Ludwig Mies Van der Rohe）"少即是多，多即是少（less is more, more is less）"的名言的反驳。霍兰的这句格言很好地体现了复杂系统的本质特征，在这种思想中隐含着这样一种概念——与传统机械系统的观点相比，这种系统本质上是不可预测的。

## 决策和设计

建造和使用城市涉及一系列决策，这些决策涉及人类生活方方面面问题的解决方案，从常规的简单任务，到如何应对毫无预警突然出现的重大的新问题。其中许多问题需要依靠创造力制定新的解决方案，另有一些问题涉及如何应对破坏我们感知城市处于平衡或稳定状态的新技术。复杂系统的特征包括我们难以事先预料的影响，而这些影响常由我们尝试的解决方案所激发，在实施后，这些解决方案就成为问题的一部分，就像当初促使我们处理问题的原始条件一样。这些典型系统的边界难以定义，且它们与外部环境间的相互作用无法测量。多年前，霍斯特·里特尔（Horst Rittel）将这种问题定义为"邪恶的"，生动地描述其为具有"反噬性"的问题[14]：一旦试图解决这些问题，情况往往会变得更加严重。事实上，这只是看待诸如城市等复杂系统的另一种方式：随着时间的推移，当我们发明新技术并采用改变系统本质的行为方式时，这种复杂系统就变得越来越复杂。

处理定义不清晰的系统（即系统与其所在的环境间不存在硬性的边界）所带来的问题是，定义系统元素间相互作用的因果循环扩展到更广阔的环境中时，我们无法描绘其终极影响。为了缓和这种情况，系统的边界必须被进一步扩展，直到它看起来似乎包含整个地球——或者更抽象地说，包含整个"宇宙"。这正是全球城市所面临的情况：在一个使用智能手机等网络设备，原则上每个人都可以彼此交流的世界中，城市变得几乎无法定义。我们将在后文中详细讨论这一边界问题，但还有另一个边界需要注意，那就是与时间相关的边界。复杂系统一个有违常理的特征是，反馈和相互作用的影响往往在一开始逐渐减弱，但随后又恢复，然后开始随着时间爆发式增长，这会导致各种各样无法定义的反常动力，更遑论追踪。这些都是"邪恶问题"所具有的反噬性。描述混沌系统的经典例子出自爱德华·洛伦兹（Edward Lorenz），他于1966年指出，气候条件的微小变化可以引发重大事件。[15] 他关于可预测性或者说不可预测性的生动描述就包含在他论文副标题的设问中：蝴蝶在巴西扇动翅膀会引起得克萨斯州的龙卷风吗？他证明，根据简单的气候模型，蝴蝶的确会产生这样的效果，这是对可预测未来的致命一击。

当然，自17、18世纪启蒙运动和第一次工业革命以来，我们对于预测的观点也在不断演化。这主要是因为，随着世界变得越来越复杂，我们对未来在某种意义上可预测，或者至少通过努力发明适当的科学预测机制之后就可以预测的确信已逐渐消退。直到机械时代，当我们建造城市时，大多数的进展都是缓慢而确定的，个人和小群体根据当时的情况调整他们的设计，这些调整变化得足够缓慢，使得建筑结构和城市活动选址方面很容易吸收创新。克里斯托弗·亚历山大（Christopher Alexander）将过去的城市设计描绘成自下而上的无意识演化与适应过程，在这个过程中，通过不断修正问题，使用者作为建设者不断改进产品，好的设计应运而生。[16]当变化太大时，建筑和建设者没有足够的时间来适应这些环境的变化，城市因此在许多方面变得功能失调。因此，建设速度较慢的城市似乎更像是生物系统，而不是机械系统。当然，这种自下而上的设计和发展的特征是复杂性理论的核心思想，但具有讽刺意味的是，这些根深蒂固的演化过程在很大程度上被现代城市的建设方式破坏了。简而言之，我们的城市已经不再能很好地适应我们的需求，主要是因为环境变化得太快，以至于参与建设的人无法足够快地响应我们不断变化的需求以及似乎以越来越快的速度不断累积的创新。

在设计方面，并不存在一个所有人在改变城市环境时都应当遵循的标准过程。设计包含解决问题的各种要素，如灵感、洞察力、发现，以及个人和群体的创新。设计还根植于社会和政治环境，涉及各种思索、阴谋、互相攀比、虚张声势和决策时出现的所有其他情绪。简而言之，设计没有标准过程，未来也不会有。环境背景非常重要，很多发现都是因为发现者在正确的时间处在正确的地点才做出的。事实上，创造未来可以用不同的方式来实现，如制定决策、解决问题、设计方案，但关键问题是这些发明是不可预测的。可能某些元素在某种有限的程度上是可预测的，但一般来说，这种未来是不可知的。

人们很容易想到历史上的城市，尤其是那些在工业时代之前发展起来的城市，是很好地适应了周边更广阔的环境而建成的例子。我们将在这本书中论证，正在发生的巨大转变将彻底改变城市作为一个物质实体，甚至是空间实体的概念。甚至有关过去200年来，城市所遵循的变化过程比现代城市更有机的观念在下个世纪乃至以后也可能发生改变。事实上，在现代之前，城镇都是分区域来规划的，但是大多数自上而下的规划都是相对良性的，大多数发展缓慢地适应了背景环境，并由此发展出了"乡土设计"这一术语。工业革命改变了这一切。从19世纪中叶开始，住房、工业和交通都受到新技术和新组织过程的影响，这些新技术和新组织过程使得地方决策远离了用户建设者，转而代表企业与机构，但这些企业和机构的任务和对建成环境的影响与此前的用户建设者有很大不同。20世纪早期和中期的与高层建筑联系在一起的公共住房计划就是最好的例子。这代表了城市建设与前工业化时代的彻底决裂，城市是根据勒·柯布西耶的那句名言"住房是居住的机器"[17]所构想的。在这句话中，我们可以轻松地把"住房"换成"城市"，但复杂性理论暗示城市更像有机体，能够适应不断变化的环境，而不是通过强加自上而下的模型，严格设计每个构筑单元和居住者所处的位置。

## 思考未来城市

由于我们在此提出的研究假设之一是未来从本质上说是不可预测的，因此这并不是一本预测未来城市将是"何种样貌"的书，也不是一本关于如何设计未来城市的方法合集。它的内容更多地侧重于基于创造未来的论点来思考我们应当如何看待未来城市。但正如我们无法预测未来，我们也无法预测如何创造未来，对于城市而言尤为如此：由于在现实生活中决策主要自下而上地由我们每个人产生，城市未来的多样性近乎是无限的。然而，城市的世界并不是随机生成的。我们在这里要做的就是阐明某些主题，甚至可以说是原则，我们认为这些主题和原则适用于所有城市，甚至我们未来和过去的创造也必须以它们为基础。[18]

在下文中，我们将介绍空想家创造的城市形态案例，但谈及城市实际上的增长和发展时，这些案例会显得过于离谱。如果读者想要从本书中寻找新颖、直白、视觉上引人入胜的未来城市图片，那他们可能要失望了。尽管我们介绍了一些过往的案例，而且这些案例与"思想实验"有明显的相关性，但它们只构成未来城市可能性的一小部分。事实上，我们在书名"创造未来城市"中提到的"创造"并不是指人工制品的发明，而是我们认为在进行有关未来的所有思考时应当有的基础过程。彼得·蒂尔（Peter Thiel）是一位反传统的企业家，他对未来城市的流行愿景和未来现实之间的差异进行了很好的总结。在2011年关于信息技术发展的评论中，他说："我们想要飞行汽车，却只获得140个字符[①]！"[19]未来不会是高耸的建筑物或无限的城市蔓延。未来无关无人驾驶汽车，也不会出现我们所有人都生活于其中，虽通过无线连接但物理上相隔甚远的"电子小屋"。事实上，它可能涉及所有这些东西，但在本质上是不可知的，而我们要想揣测它，唯一的方法是定义一个对所有城市及其未来形式都通用的方法。在这种方法中，我们将不再强调预测，而是强调创造，但这种"创造"与当代新闻媒体界报道中的发明创造和发明家的概念完全不同。简而言之，我们将聚焦创造过程，即"创造的动作"，而非创造物本身。

在展开具体讨论之前，我们将先对21世纪剩余时间内世界人口的增长和变化做一些推测。托马斯·马尔萨斯在1798年出版的《人口论》中首次提出了未来世界会因人口过剩而资源枯竭，从而进入失控状态的悲观预测。大约200年后，这一预测在罗马俱乐部1972年的报告《增长的极限》中再次出现，但这一预测似乎从未被证实。看起来，所有人口族群的人口变化趋势都显示出了人们熟知的逻辑斯谛曲线，即S形曲线。到21世纪末，世界人口将进入一个非常不同的时代，人口增长将持续减缓，甚至人口数量可能会趋于稳定。但与此同时，到21世纪末，至少是大多数人（甚至是所有人）都将生活在城市中。人们并非生活于同一个大城市中，而是在许多规模不等的城市中。城市按规模的分布遵循我们在此介绍的第一定律或原则，即齐普夫（Zipf）分布定律，它预测小城市将比大城市更多。[20]

---

① 指2010年左右流行起来的社交网络与微博客平台推特（Twitter）。推特一开始限制用户一次只能发不超过140字符的消息。——译者注

简而言之，21世纪将见证一个巨大的转变，从200多年以前大多数人都没有居住在城市里的世界变为一个人人都居住于城市中的世界：这不是从"城市1.0"到"城市2.0"，而是从"没有城市"到"有城市"。

如果在21世纪末我们都将居住在城市中，那么城市（city）的确切概念就将存疑，一个更为通用的描述将是我们所谓的"城区"（urban）。因此，这种大转变可能被描绘成从"非城区"（甚至农村）到"城区"的转变。由于我们永远不会知道未来会怎样，就组织城市社会的方式而言，大规模的逆中心化也是可能的。事实上，乔治·吉尔德（George Gilder）提出："大城市是工业时代遗留下的包袱……主要是因为新的信息技术在不断地分解……城市和其他集中的权力……这意味着……小而廉价的分布式组织和技术将占据上风。"[21] 他设想，在我们的未来，"电子小屋"会随处可见。鉴于我们创造的未来有高度的不确定性，这些推断与其他推断一样重要。

在一个万物彼此影响的全球化的世界中，城市将相互融合，并跨越时空的鸿沟而相互联系。与此同时，它们的定义，尤其是物质性定义，将更加难以捉摸。城市的起源和终点将越来越不确定。这种困境在许多针对大城市人口的估计中都体现得非常明显，但实际上任何规模的城市都是如此。自从250多年以前，欧洲不再以围墙作为城市的边界并以此作为向民族国家迈进的一部分以来，这个问题日益严峻。技术变革让原本独立的城镇和城市逐步融合在一起，从而加速了这种模糊。在描述城市特征时，我们将援引城市是一种集群的概念，其中各种组件通过某种黏合剂相互结合，形成城市网络，这一模型对于城市的定义很有用。城市作为居住区的一种层级存在，为我们鉴定城市类型的范围提供了一种方法，从部落和村庄到大都市和特大都市。在某种程度上，城市的物理定义正在瓦解，而这并不是因为将其组成部分联系在一起的纽带正在消失。恰恰相反，随着城市成为全球网络的一部分，联系纽带正变得越来越强大。直到近十年来，随着智能手机的迅速普及，我们才逐渐认识到这一点，通过智能手机，我们可以随时随地与任何人保持联系。这体现了我们的第二个原则，即"现代大都市悖论"。它由爱德华·格莱泽（Edward Glaeser）最早提出，其意思是随着跨距连接的成本和所需的时间成本逐渐降低，人与人之间的邻近反倒越来越重要。[22]

信息技术的革命在21世纪将继续推进。然而，正是这种情况迫使由路易斯·沙利文（Louis Sullivan）于19世纪末首次阐明（但至少自古典时期起就受人推崇）的"形式追随功能"的概念[23]与现实发生了重大割裂。为了推进这一想法，我们首先从约翰·海因里希·冯·屠能（Johann Heinrich von Thünen）那里引进一套原则，称为"标准模型"[24]，他在近200年前阐述了它的基本形式。这种经济逻辑表明城市是围绕其中心商业区构建的，这种中心商业区通常是居住区的发源地或是最初进行贸易和交换的市场。在这样的系统中，土地的使用方式是这样的：不同土地用途能支付的价格或租金不同，而土地租金与土地靠近城市中心的程度相关，因而相似土地用途围绕城市中心形成了同心圆带。因此，在布局城市不同位置的功能时，地块到中心的距离起到了关键作用。由于越靠近中心的土地越有价值，越趋近于中心的租金和建筑密度就越高。同时交通量也在增加，拥堵情况亦然，这就是邻近中心的代价。但如今，越来越多的人通过"以太"来进行交流，通俗来说即通过访问网络来使用电子邮件和社交媒体，同时将信息远程存储于云端。限制我们在特定场所进行特定活动，迫使我们聚集在一起的传统联系纽带正在失去作用。纽带正在消解，而使我们能够利用信息在彼此之间建立更紧密的网络的联系则正在加强。简而言之，这体现了格莱泽悖论，即邻近变得更加重要，因为距离的威慑效果不再那么重要了。

信息技术也正在改变和扩展我们对城市结构的看法。在过去，尤其在过去的100年中，我们已经研究了城市如何演化、改变，以及如何以大规模和长期的方式在物理上进行规划。未来的规划以年甚至数十年为单位，而我们能获取的有关城市如何在短时间内——几分钟、几小时或几天内发挥作用的信息却极其有限。事实上，我们对短期的感知从某种程度来说是有些任意的。日常事务只有在较长的时期内，当时间增加到几个月、几年之后，才可以产生大规模、长期的具有相关性的变化。然而，自新千年来，体现计算机和电信技术最高程度融合的智能手机兴起，我们便能够了解、影响、感知和控制24小时的城市。同时，我们已经知道城市更像是有机体而不是机器，是自下而上演化的，而不是自上而下被规划出来的。[25]利用最近开发的大量作为"智能城市"中一部分的传感器，我们可以感受到城市的"脉搏"。事实上，城市比单一有机体复杂许多倍，因为它是许多脉搏的集合体，每种脉搏的速率都不一样，但最终都由我们人类的生命周期和节奏来协调。我们可以将其视为"高频城市"，它与我们在更长的时间尺度和更低的频率下发展变化的传统的城市模型形成了鲜明对比。

在工业革命以前，城市人口超过100万的可能性很小，而且需要巨大的资源，只有集整个帝国之力才有可能实现。罗马，一个人口增长到100万左右的城市，之所以衰落主要是因为它的中心无法维持，而明朝（和更早的若干王朝）在当时位于今南京的首都拥有相似的人口，也遭遇了类似的命运。要使城市人口增长到超过100万，需要发明机械技术，尤其是内燃机技术，使人们能够通过新的交通工具到达郊区，还需要电梯和电话，才有可能建造摩天大楼，从而向上寻求更多的近距离空间。我们将第4个原则归功于H. G.威尔斯（H. G. Wells），他在1902年提出，人口分布一定始终取决于将人口联系在一起的交通方式。[26]

在所有这一切中，第5个原则是被称为托布勒第一定律（Tobler's First Law）的地理学定律[27]，它表明邻近事物之间的联系比相距较远的事物的联系更为紧密。这是我们另一个共同的想法，在标准模型、摩天大楼的高度、城市本身及其腹地的范围等各个方面都可以找到它的痕迹。以上原则表明，随着物理联系的松动和虚拟联系的增强，形式将不再追随功能。如果我们将这些原则应用于对未来城市的猜测，我们就能找到一种方法来思考未来可能会是什么样的。

本书从某种方面而言就像一篇长篇论文，它既具有思辨性，又专注于技术上的问题，并以现代科学哲学为基础，认为预测是偶然的。在本书的最后部分，我们将重点关注与如何思考与创造这一未来相关的问题，并将信息技术的快速发展作为其关键特征之一来进行研究。这场技术革命中最深刻、最具深层次的力量之一是弗朗西丝·凯恩克罗斯（Frances Cairncross）所谓的"距离之死"[28]。虽然她曾借此指出互联网的影响以及随之而来的一切，但我们会证明，尽管万物皆有联系，但是托布勒定律也表明城市之间的距离仍是主要的评判要素。所有这一切都是智慧城市兴起的重要组成部分，我们认为它正从以能源为基础的社会转变为以信息为基础的社会。用尼古拉斯·尼葛洛庞帝（Nicholas Negroponte）的话来说，就是从原子到比特的转变[29]，从城市是例外的世界到城市是规则本身的世界，从"无城市"到"城市"，从非都市到都市。

当我们研究城市的脉搏周期时，它们似乎变得越来越快，越来越强烈。当不同周期在合并时，它们暗示了一个"创造性破坏"的持续过程，其变化速度如此之快以至于对象似乎失去了控制。这意味着我们正朝着一个奇点前进，尽管我们在此只是暗示这种情况可能会发生，但我们似乎已进入了这样一个时期，新发明的影响力越来越大，使得即使是最谨慎的假设情景，在能被恰当地阐述之前，看起来就已经过时了。毋庸置疑，我们处在一个新世纪的开端，这个世纪既富有创造性，又具有破坏性。未来的世界将是一个全球化的世界，城市之间的联系越来越紧密，各级城市之间的物理迁移将成为增长和衰退的主导力量，而我们生产、采购和消费的传统方式将受到自动化巨大进步的影响。这些就是未来几年的预兆。

第 2 章

# 巨大的转变

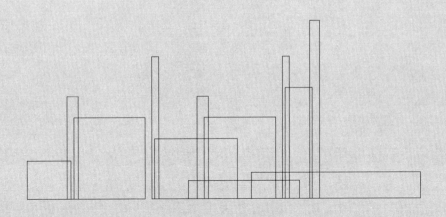

显然，当下的人口指数增长趋势不能无限持续下去。那么会发生什么呢？一种可能是我们完全被诸如核战争之类的灾难摧毁。

——史蒂芬·霍金《下个千年的科学》

到此为止，我们一直在努力向读者灌输未来是不可知的印象，因而史蒂芬·霍金提出的有关未来世界人口增长的问题是无法回答的。不过，你对此的反应取决于你认为自己是乐观主义者还是悲观主义者。我不相信我们会毁灭自己：我们总能够创造出结构和组织来应对指数增长。但我们有能力以足够的速度创造出这样的结构和组织吗？霍金也有同样的疑问。[1]在同一场演讲中，他还说："但我是一个乐观主义者。我认为我们有很大机会避免世界末日和新的黑暗时代。"事实上，现在看来，世界人口的增长速度正在迅速下降，我们已经进入从超指数增长到近似于人口零增长之间的稳定过渡时期，其发展轨迹很像是许多发达国家在过去100年中所经历的人口过渡[2]。当然，我们的预测总是错误的，但现在看来毫无疑问：世界人口的指数增长将结束，一种新的模式将建立。这就是我们所说的"巨大的转变"（great transition）——但是，正如我们即将见证的，这个时代将不仅仅是人口增长率快速下降的时代，还将是信息以指数甚至超指数的形式增长，以及随之而来的自动化带来各种各样影响的时代。

　　这一章，我们将首先讨论从非城市世界向城市世界的巨大转变，同时提出预测——世界人口将在21世纪稳定下来，或至少从根本上改变其发展轨迹。这将是我们描绘未来城市的初步尝试，它依赖于以最简单和最明显的方式厘清我们的体系，具体讲来，是调查全球范围内的城市是如何组织起来的，且暂时不考虑其空间范围。在本章的剩余部分，我们将研究人口过渡和快速发展的全球城市化。然后，我们将根据城市的规模来研究它们的分布，并提出一个基本观点，即未来我们不会像某些流行说法那样住在同一个巨大的城市里，而仍会像现在这样住在各种规模的城市中。这否定了另一个看似显而易见的观点：要成为一个大城市，你必须先成为一个小城市。城市大小的不对称性将继续主导我们的世界。尽管事实上当下我们所有的城市都彼此相连——至少可以通过智能手机进行全球通信，并从地球上的任何地方获取信息，但我们的城市很可能继续保持差异。作为所有这一切的序言，我们将探索这场巨大的转变，它始于约250年前工业技术的发明，并将在下个世纪及更远的未来继续发挥作用。它将为我们对未来城市、未来如何演变以及未来如何被创造的所有猜测提供一个有效的框架。

## 奇点与临界点

　　我们可以勉强想象大约10 000年前的地球是何种面貌。在上一次冰期结束后的一段时期里，人类从游牧生活转向定居的农业生活。

根据如今的部落和原始村落的图像，以及当时的人们留下的洞穴绘画，我们可以想象当时的生活样貌。但试着想象一下遥远的未来，10 000年后的生活会是怎样的光景？这超出了我们最疯狂的梦想，甚至超出了最大胆的科幻小说的幻想。将时段缩短到5 000年，5 000年前，人类史上的第一批城市正在孕育，考古学为我们描绘了当时那个世界的清晰图像，但5 000年后的未来会是什么样，则依然是一个谜。如果我们进一步调整镜头的焦距，聚焦到最近500年，我们就能从无数的作品和绘画中清楚地看到过去，从这个时间尺度上，我们也许能有更大的可能性瞥见我们的未来，但即便如此，我们也只能推测。正如史蒂芬·霍金所说，在这遥远的未来，我们的技术可能已经把我们远远地推向了地球之外，或者令我们直接湮没，而自从地球上的生命从"原始汤"中诞生以来就一直伴随着我们的封闭系统已不可能再约束我们。或者说，至少它约束我们的方式变得完全不同了。[3]

不过，当我们从未来10 000年的制高点回顾时，有一件事是我们可以确信的。在那时，纵观人类20 000年的历史，在大约处在中间的时间点（即当下），我们会看到一个戏剧性的转变——一个转折点：从一个没有城市的世界变成一个人人都将生活在城市里的世界。这种转变是从农村世界到城市世界的转变，从高度局部互动的世界到全球互动的世界的转变，从以物理技术为基础的世界到以信息技术为基础的世界的转变，以及如尼古拉斯·尼葛洛庞帝精准的描述，从以原子为基础的世界到以比特为基础的世界的转变。[4]这些变化的必然结果，是人口结构的转变，我们很可能还会看到，人口指数级的增长趋势很快就会变得更加平稳。总人口不会受到有限资源的限制，但会受到节育措施的限制，与此同时，一个此前已习惯于在各种限制条件下生活的群体突然进入繁荣世界中后应该如何调整行为，这种变化也会限制总人口。

然而，回溯到20世纪中叶，场景尚且完全不同。1970年，世界人口增长率达到有史以来的最高水平。那一年，人口的年增长率达到2%多一点点。如果这种情况持续下去，人口将在30年内翻番，并在接下来的20年内再翻番，以此类推。早在18世纪末，面对人口增长，托马斯·马尔萨斯就首先提出随着人口增长，人类会面临资源短缺，这样的设想引发了各种关于世界末日的猜测，例如1972年罗马俱乐部在《增长的极限》报告[5]中提出的猜测。这种崩溃论对距今大约10年前海因茨·冯·弗尔斯特（Heinz von Foerster）及其同事的一篇论文产生了戏剧性的影响。他们认为，人口增长率实际呈双曲线发展趋势，而在未来，从任何实际意义上，人口都会增长到无穷大。这一结局在数学上被称为"奇点"，接近它的"视界"①则被弗尔斯特等人称为"世界末日"。他们甚至预测了这件事情发生的确切日期：2026年11月13日。

我们需要对所有这一切意味着什么了解得更清楚一些。在图2.1中，我们描绘了世界人口从公元前70000年的早期石器时代到现在的增长。先不用管能拟合这种趋势的精确方程到底如何，我们很容易看到，大部分时间的人口增长速度远超于其增长率的增长速度，

① 物理学认为，黑洞中心有个密度无限大的奇点，周围一定半径以内的事物永远无法被观察到，这一界限被称为视界。——编者注

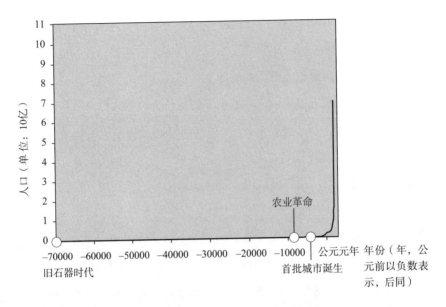

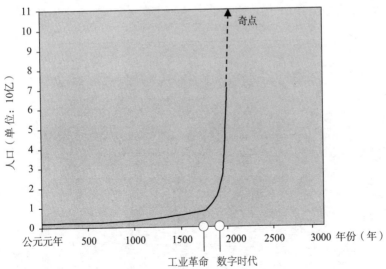

图2.1　世界人口的超指数增长

这意味着人口增长超过了指数性增长：事实上，它是超指数性的。冯·弗尔斯特在1960年研究了这种人口增长的趋势，并且提出如果存在一个人口总数无穷大的时间点，那么这种趋势可以用一个非常简单的方程来近似表示，在这个方程中，人口是人口总数达到无穷大的时间点（即"世界末日"）和当前时间点的差值的简单线性函数。[6]如果把这个图转过来，即绘制人口倒数与时间的关系，就更容易看到这一点。我们可以用一条直线来拟合它，并将其延长，得到倒数变为零的时间，这也就是人口总数变为无穷大的时间，如图2.2所示。如果利用来自多个来源的截至1990年的世界人口数据[7]，分析的结果很明显，冯·弗尔斯特所说的世界末日将推迟到2035年左右，这意味着现在的变化率比冯·弗尔斯特发表论文时要低一些。当然，这其中蕴含着一个信息：世界人口走向无穷大是完全不可能的。

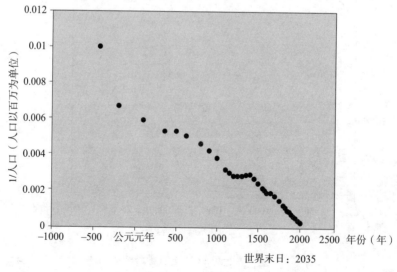

图2.2　世界末日的预测

正如之前的引言中引用的霍金的话那样，人口增长率必须下降，否则我们将面临灾难。而正是这一下降中的增长速率将主导21世纪的增长。

如果我们继续放大观察图2.1中的人口，很明显人口增长率从20世纪60年代以来已经下降了一半。简而言之，我们在过去1 000年中已习惯的超指数曲线的增长速度开始减缓。过去50年来，增长率一直在系统性地下降，而如果全球人口跟随20世纪许多发达国家的人口结构转型趋势，那么我们可以很容易地看出，这种增长率下降的情况将持续下去。总之，未来人口增长可能遵循逻辑斯谛曲线，即S形曲线。然而，这一轨迹的转折点直到2050年后才会真正变得显著，到22世纪初，人口会迅速收敛到"稳定状态"。随着增长率的下降，冯·弗尔斯特的世界末日会被进一步推迟。[8]

为了对21世纪末的世界人口总数进行有根据的推测，我们使用过去50年的增长率，在图2.3中绘制出了最可能出现的人口情况。我们认为，到21世纪末，人口增长率将趋近于零。我们不知道这种人口稳定的情况是否会发生，但它看起来确实是合理可信的。当然，如果发生各种极端事件，如气候变化、更严重的经济危机、人工智能迅速发展以及我们老龄化进程中的巨大变化，那么人口将会出现振荡。半个世纪前罗马俱乐部所设想的那种完全崩溃的情况也完全有可能出现，至少霍金已经暗示过这种可能性了。但可以确定的是，当时看起来很有可能出现的超指数增长的混乱局面现在不会发生。然而，各种技术的指数性发展趋势并不会消失。事实上，这些技术的发展似乎正在加速，基于人工智能和医学上的进步，其他的奇点

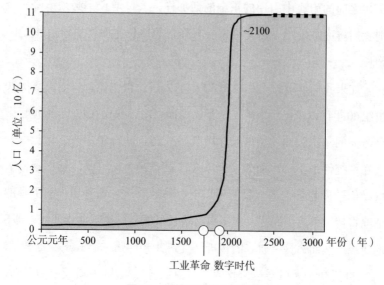

图2.3　可能出现的人口转变

可能会出现，如雷·库兹韦尔（Ray Kurzweil）所预言的"奇点"[9]。当然，当我们进行这种思考时，也时刻存在一个挥之不去的疑问，即所有这些我们提到的结果可能都不会发生。卡尔·波普尔警告人们，未来本质上是不可预测的，这一警告给所有关于未来的讨论蒙上了一层永远难以摆脱的阴影[10]，而当我们继续讨论这些问题时，它却又总被我们抛诸脑后。

## 当全世界都实现城市化

我们探索未来城市形式与功能的策略要求我们对可能发生的事情设定一些限制条件。我们已经将视角限制在未来100年内，在这个时限之外，推测没有意义。我们首先提出，世界人口的增长轨迹很可能比其他任何事物都更适合用逻辑斯谛增长轨迹来描述（这为我们提供了一个非常强的限制），但现在明确的是，人口城市化的速率标志着21世纪将完成的另一个转变。2008年，联合国人口司报告说，世界城市人口首次达到50%，报告同时预测到2050年，大约66%的人口将生活在城市中。[11]尽管关于"城市"（city）和"城区"（urban）这两个术语的一致性仍存有相当多的争论（我们将在适当的时候予以说明[12]），我们暂时假定城市化意味着生活在某一个城市中。在此之前，我们的讨论将转向这样一种观点：即无论采用哪一种诠释，由于城市的概念是不明确的，从物理上（或以任何其他方式）定义一个城市都将是不明确的。

尽管如此，联合国人口司还是通过考虑相互联系的人口集中度，即密度等局部因素来界定城市。在过去100年中，那些被定义为城市

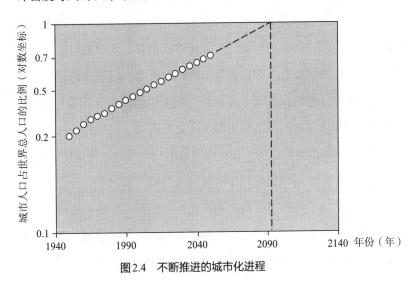

图2.4　不断推进的城市化进程

的区域的增长可谓是势不可当。如图2.4所示，这种增长基本与总人口数量成正比。假设城市化是与城市规模经济内在关联的现象，那么我们可以合理假设城市人口将继续以同比例增长。从图2.4可以看出，最简单的线性预测是全球人口将在2090年全部实现城市化。我们也许会质疑，可能会有一些国家陷入失控和动乱，或者城乡之间出现异常的贫穷地带，这些状况会阻碍全球实现百分之百的城市化，但即便把所有因素考虑在内，到2100年，世界也将实现完全城市化。从这个意义上说，届时每个人都会生活在不同规模的城市里。

把人口的逻辑斯谛增长与世界上居住在城市地区的人口比例的不断增长结合起来，就会发现这些转变将相互促进，使世界朝着人口零增长的方向发展，并使世界在21世纪末实现完全城市化。这种情况意味着，随着人口增长放缓，城市居民的比例将会上升。而这将产生深远的影响。在21世纪，我们可能会看到从绝对增长到相对增长的巨大转变，其中大部分乃至全部城市增长将通过迁入人口数量超过迁出人口的方式实现。这意味着在世界总人口趋向于不变的情况下，有些城市的人口正在急剧增长，有些则以同样的速度急剧减少。这种急剧增长与减少并存的模式与传统的人口迁移，例如工业革命期间从农村向城市移民的情况完全不同。因为这一次，他们将从城市向城市转移，从一种规模的城市迁移到另一种规模的城市。事实上，这更像是19世纪后半叶欧洲人移民到新世界的过程，那时人们主要是为了寻找工作机会和提高生活质量。在某种程度上，这种现象已经开始出现，因为移民潮正在大举冲击欧洲和北美洲，可以预见的是，这些移民潮将不可避免地不断扩大，最终席卷东亚、澳洲和南美洲。因此，这些移民潮预示着未来一个世纪城市边界的转变，因为人口正以我们难以想象的方式在地理上混合和再混合。

如果现在回到我们最初关注的从最后一个冰期到未来大约10 000年之间的时段，那么我们刚刚讨论的基于人口增长和城市化的两个转变只是这个时间段中极其微小的部分。在20 000多年的历史长河中，这一过渡期不超过这个时间段的1%，如果我们把它放大一个数量级，那么过渡期就形成了一个尖峰，标志着从非城市向城市的转变，从一个没有城市的世界向一个完全由城市组成的世界的转变。我们没有画出这条轨迹线，因为每个人都能轻易把它想象成一个阶梯函数，其中过去的人口基本上接近于零（或非常小），而在未来，它将保持一个稳定值，其代表地球的承载能力。事实上，在考虑新的城市未来时，这种承载能力至关重要，因为尽管我们不能对未来可能发生的事情说太多，但技术本身是超指数性持续发展的，而且几乎没有减缓的迹象，这种承载能力将清晰地界定我们将拥有的城市未来的类型。无论未来会出现怎样的世界，它都将是一个由城市组成的世界，我们现在需要探索这个世界，以便对未来100年及以后可能出现的情况有所了解。

## 城市组成的星球：城市规模的分布

随着世界城市化程度的提高，城市作为当代社会财富和权力的源泉，其地位变得越来越突出。最大的城市通常被称为"全球城市"，被誉为最具活力和经济优势的栖居地。[13]人们常常有一种感觉，我们都将生活在越来越大的城市中。迄今为止，这方面的证据既有支持这一观点的也有反对这一观点的。如果我们以人口数量排名前50位的城市为例，根据钱德勒古城数据库（包含最早建于前430年的古城数据）绘制出它们的人口总增长率，那么这种增长显然最终将超过世界人口，但这一趋势仅仅始自工业革命。图2.5中表现了这一趋势，我们在图中同时也描绘了世界人口增长轨迹。世界前50大城市的总人口最终看起来似乎也走向了奇点，甚至超过世界总人口，但正如我们所言，这在现实中是不可能的。

　　对于城市的平均规模是否正在扩大，目前的研究没有得出完全确定的结论。如图2.5所示，在罗马帝国鼎盛时期的时代，前50大城市的总人口约占世界人口的2.5%，但在接下来的1 000年中，这一比例在黑暗时代下降了一半左右，而到黑死病流行时期达到中世纪的

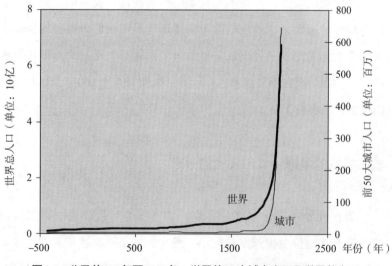

图2.5　公元前430年至2010年，世界前50大城市人口及世界总人口

最低点。之后，随着启蒙运动的开始，这一比例略微上升到1.7%左右，但在1825年轻微下降到1.3%。随着工业城市的兴起和大转型的开始，这一比例又突然开始迅猛上升。到2000年为止，这一比例已经上升到近10%的高点，而现在我们发现它又略有下降。然而，尽管人们最近在整理钱德勒-莫德尔斯基数据方面做出了卓越的努力，使其更符合当代城市人口的信息，但其数据集仍然存在问题，因为它是从多个来源构建的。[14]该模式从图2.5中清晰可见，如果我们将城市人口总数除以世界人口，前50大城市人口比例的急剧增加将立即显现出来。

为了支持大城市占世界总人口的比例日益增长的说法，我们需要对更大、更统一的数据集进行研究。最近，欧洲委员会联合研究理事会（JRC）为城市群建立了一个大大扩展的世界数据集，这些数据集基于公里网格尺度下的小面积人口密度定义，同时根据遥感数据添加邻接信息，并根据行政和政治审计进行了调整。[15]这个数据给出了以2015年为基准年，规模超过5万人的13 000多个城市群的信息。1975年、1990年和2000年的同一组集群数据使我们的研究更具信服力，即最大的城市拥有的人口比例是否一直在上升并将继续上升。如果我们观察不同数量的顶级城市——10个、20个、50个、100个、500个和1 000个，计算它们的人口总和，我们会发现，在过去40年里的4个时间点上，这些城市中的人口占世界人口的比例确实在提高。事实上，对于前1 000个城市，这个比例上升了2个百分点以上，从27.3%到29.4%，而对于前50个城市（与我们的古城数据库相当），这个比例从9.1%上升到了10.5%。如果继续以与过去

40年相当的速度长期增长下去，那么在未来的某个时候，最大城市的人口将压倒世界人口。如果简单把图线延长一下，就会发现，如果现有的趋势持续下去，前50大城市将在大约2 000年内达到这一极限。但就目前来说，这一时间点过于遥远，因此只能算是一种疯狂的猜测。它没有考虑到城市人口的混合和再混合，也没有考虑到在世界完全城市化后将可能主导城市人口涨落的迁入与迁出移民潮。

在我们所有的猜测中，都存在一个主要问题：当我们经历巨大的转型期时，过去有多少个城市存在，现在有多少个城市存在，以及将来会有多少个城市存在？正如我们稍后将要讨论的，这一问题与我们对城市的定义关系密切。大多数定义都从人口规模的最小阈值开始——在刚刚讨论的数据中，城市人口的最小值约为50 000，因此我们预计城市占世界人口百分比的计算结果将取决于此。为了进一步推进我们的论点，我们来研究最后一组城市人口。丹尼丝·皮曼（Denise Pumain）及其同事建立了一个由20 000多个人口超过1万的城市组成的大型数据库。[16]当我们利用这个数据集研究不同规模城市的人口占世界人口的比例时，我们对城市越来越大这一结论更坚定了一些：1980年到2010年间的50个最大城市的人口比例从8.8%增加到10.8%，与JRC的数据大致相当，这表明最大的城市确实在变大。

在扩大讨论范围以涵盖涉及新技术的更广泛的问题之前，我们需要提出并试图回答三个关于城市未来的重要问题。第一个问题是城市规模的分布，我们在讨论最大城市占世界人口比例的变化时已经包含了这一点。由于我们仍将生活在不同规模的城市中，我们需要对将来会有多少大城市以及多少小城市有所了解。随着世界人口的持续增长和人口城市化的持续发展，不同规模的城市的总数会增加，而我们需要知道城市的大小是趋同（变得更加均匀）还是趋异（变得更加不平等）。第二个问题更基本，但也更难回答，涉及世界过去能容纳的城市总数以及未来能继续容纳的城市数量。当然，相关答案取决于城市是什么，我们只能根据超过给定规模的城市数量来回答这个问题。事实上，这个问题最好通过界定城市集群的数量来解决，重点在于不同的最小规模集群。我们可以假设一个极端：一个由一个人组成的集群定义了可以存在或可能存在的城市数量的绝对最小界限。第三个问题与最小和最大的城市有关。从人口下限来说，人口数量需要在一个阈值上才能产生类似城市的功能，所以我们需要探讨这个阈值。这个数量很可能会大于1。从人口上限来说，交通和密度有物理上的限制，但是一些城市突破了这样的限制。我们之后会讨论最大城市是怎样扭曲基准城市规模的分布的。

## 城市规模分布的稳定性

关于城市规模分布的第一个问题更加直接。最新的预测[17]表明，尽管如前文所述，城市人口将不可避免地增加，但到21世纪末世界人口很可能趋于平缓——略高于100亿。然而，同样在这一前提下，也可能会出现截然不同的情景——从一个我们大多数人都生活在同一个大城市的世界，到一个人们在地球上分布得更均匀，但可以通过现有的所有交通和通信工具连接起来的世界。这就是在第1章中提到的吉尔德的猜测。[18]事实上，这两种前景都不大可能出现，因为城市变得越来越大的想法根本不可能实现。人口密度和人口迁移技术的局限将继续限制实体城市的发展，而将人口完全分散成非常小的群体需要减小形态和距离的影响，这要求技术出现飞跃式的进步，但这类进步不太可能实现。

尽管我们已经在字里行间表示，最大的城市似乎正在变得越来越大，越来越两极分化，但它们的密度似乎仍在下降。据我们所知，目前关于全球城镇与城市密度，还没有较好的数据来源可以检验这种猜测（除了这里可能使用的JRC数据的副产品），但是零散的证据表明事实正是如此。然而，我们仍然能够研究城市的规模分布，因为这种分布似乎在过去至少两个世纪里都一直保持稳定。[19]在这种分布中，越大的城市数量越少，越小的城市数量越大。在最粗略的模型（虽然只是一个简化框架）中，最大的城市似乎遵循幂律分布，但总体似乎遵循对数正态分布。这意味着，在分布图中位于最低处的最小的城镇与城市，其数量可能比稍微大一点儿的城市更少一些。事实上，这些地方可能代表的是小农舍和村庄，至于这些地方是否有资格成为城市地区，还存在一些争论。从这个意义上说，关于未来城市规模的分布情况，我们所能说的是，对于超过一定大小的城市，它将遵循特定的形式或形态，并且似乎没有任何绝对的度量标准来定义所有城市的这种形态。

所有这些都意味着，在一个完全城市化的世界中，城市分布将与几千年来的情况大致相同：将有许多小城镇、较少的大城市和极少数真正的巨型城市。也就是说，一个完全城市化的世界意味着我们大多数人将生活在小城镇而不是大城市中。为了理解这一点，我们需要另一个数据集，以检验那些超过75万人口的大城市的分布情况。我们可以探索过去的65年间这一情况的变化。例如，在我们最新的590个城市的数据集（2015年数据）中，1950年的最小城市人口只有1万人。在某种程度上，这是一个相对分析，因为我们不只是简单地选取1950年人口超过75万的城市并将其在时间轴中比较，还排除了1950年人口大于1万但2015年人口未达到75万的城市。然而，这已经是从联合国人口司得到的关于过去半个世纪世界城市分布的最佳数据了。[20]

图2.6中显示了这14个分布，每5年一个。我们首先将城市从大到小进行排序，在横轴上标注序号，在使用对数坐标的纵轴上标

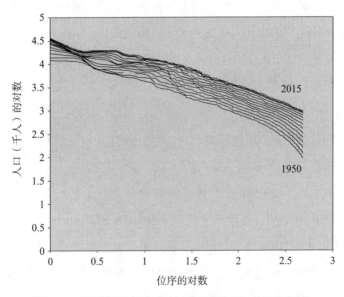

图2.6　1950年至2015年，人口超过75万的城市规模分布图

注这些城市的对应规模，从而绘制出频率。在大多数情况下，这些城市规模分布的长尾可以用1949年乔治·金斯利·齐普夫（George Kingsley Zipf）首次推广的幂律分布来拟合，如果是这样的话，每个分布的规律都可以用一条直线来拟合。这通常被称为齐普夫定律：正如我们在第1章中所示，它是定义城市结构的关键原则之一。[21] 尽管在图2.6中，从1950年起，城市分布的模式是相当稳定的，但城市在这一分布模式中的上下移动相当快[22]。简而言之，随着时间的推移，这种分布"似乎"变得稍微平缓了一些，这意味着大城市的重要性略有下降。事实上，有相当多的证据表明，在通常由国家组织的单个城市系统中，图2.6中的位序–规模图（即齐普夫图）的斜率随着时间推移而呈下降趋势，这意味着城市之间的人口差异正在小幅减少。美国和加拿大的情况尤其如此，它们在某种程度上是经典范例，因为它们由相对孤立的大陆地块所构成，但现在也有大量文献估算不同城市系统的这类关系在时间推移下的变化。

当然，如果用回归线拟合图2.6中的数据，就可以测量这一斜率下降了多少，但因为隐含条件是这些数据是呈对数正态分布的，所以我们仅选取每个时间段的前100个城市的数据来近似代表数据集。这意味着，在1950年，城市规模从近100万到1 200万不等，在2015年，从300万到3 500万不等。回归分析表明，1950年$r^2 = 0.991$，2015年$r^2 = 0.963$，在此65年间斜率由0.656下降到0.567。在我们之前使用的JRC的城市群数据中，同样可以看到类似的规模分布逐渐变平的现象。如果对齐普夫图中1975年和2015年的人口群数据计算回归，图中前100个城市的曲线斜率从0.623（$r^2 = 0.985$）下降到

0.615（$r^2 = 0.984$）。这种缓慢下降可能可以用新技术对城市的影响，使其能够以较低密度扩大规模来解释，还可能与全球化和信息技术改变了城市相互连接的方式有关。这表明，在一个完全城市化的世界里，尽管事实上越来越多的城市将变大而不是变小，但大多数城市仍将是小规模而非大规模的。当然，这对如何定义城市的影响至关重要，但这是本书第3章及其他部分将讨论的另一个论点。

## 世界上将会有多少座城市

第二个问题同样关于规模和分布。如果到21世纪末，全世界都由城市组成，那么我们当然有权提问将会有多少这样的城市，尽管这永远是一个无法给出确切回答的问题。为解决这一难题，我们需要从频率上计算不同规模的城市的数量，并利用这个函数推算我们没有数据的那些城市的规模，从而计算出在不同最小规模设定前提下的城市总数。如果我们选择一个绝对最小的规模，在这个规模之下的任何一个人类聚居区都不是城市，那么我们将勉强获得一个答案。例如，我们有来自JRC的数据，该数据统计了2015年所有人口超过5万的城市，我们可以利用这个频率计算出人口在每个临界点（比如1 000、10 000或任何更高的阈值）之上的城市数量。我们已经对这些频率进行了位序–规模形式的探索，但为了计数，我们需要检查形成位序–规模图的原始频率分布。图2.7中显示了2015年13 844个定居点的情况，这些定居点的人口超过5万人，使用大约40个类别，定义了整个分布模式内的人口规模范围。

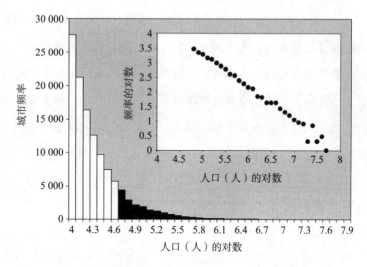

图2.7　外推得到的2015年人口超过1万的城市总数的推算

我们已经绘制了绝对频率与人口对数的关系图，虽然这会降低垂直向的比例，但幂律显而易见。如果我们用频率的对数对函数进行线性化，就可以用一条直线来近似描述插图中所示的关系，由此便可预测我们无法观测到的频率，即人口少于5万人，甚至只有1万人等不同级别的城市的数量。（在图中，观测频率用黑色条表示，而预测频率用白色条表示。）这表明，如果我们要研究人口数量超过1万的城市，那么我们可以预测这些城市总数是118 795个，这几乎是我们观测到的人口数量达5万以上的城市数量的10倍。如果将标准降到1 000人以上，我们的预测结果是总共有1 644万个城市。在这种情况下，我们假设1 000（即$10^3$）人的下限和$10^8$的上限定义了城市的连续集合。本书所讨论的所有城市，其大小都落在这5个数量级的范围里。

事实上，用图2.6的齐普夫曲线或图2.7的对数频率曲线只能近似表示城市的分布。在分布图的最底部，单人或家庭单独居住的情况相当罕见。要实现大多数社会和经济功能，需要人们聚集成群体或社区，通过聚居以共享规模经济，这表明人群受到达到某种最小规模或临界质量的压力，以使这些功能具有类似城市的属性。正如我们所看到的，人口超过1万的大多数城市出现频率迅速下降。但在最低水平上，从单个个体向上，频率会增加，直到达到因国家而异的一个代表性的值。这表明城市规模的频率是呈对数正态分布的，向右高度倾斜并带有长尾。这是基于法国学者罗贝尔·吉布拉（Robert Gibrat）的研究成果，但是对于城市规模的分布是否存在一种确定的形式，学界仍然存在很大争议。[23]因此，齐普夫定律仍是一种恰当的近似。

在结束这次关于城市规模的讨论之前，我们还需要进行一个更极端的推测。如果我们知道（或者更确切地说是猜测）2100年的世界总人口，并且假设所预测的所有人口都生活在城市中，那么我们就可以猜测不同人口阈值之上所存在的城市数量。为了做到这一点，我们还必须假设位序–规模或频率分布保持完全稳定，随后通过一些适当的操作，就可以生成预测。事实上，我们使用这种逻辑预测的结果小于我们从图2.7中的频率分布所观察到的城市数量。现在我们将逆转这一过程，注意到我们可以将图2.7中的对数线性频率曲线从人口阈值1 000（$10^3$）开始的分布水平进行缩放，在类别范围内生成总人口，这样就会得出我们假设的世界（城市）人口在2100年将达到100亿。[24]超过$10^3$人的城市的总数为2 500万；超过$10^4$人的城市的总数为 652 000；超过 $10^5$ 人的城市的总数为 71 100；超过 $10^6$ 人的城市的总数为 1 600。我们还可以计算出，世界上最大的城市人口总数将达到 1.4 亿，与此同时将有 3 个城市人口总数超过 1 亿，85 个城市人口总数超过 1 000 万。这些估算似乎比较可靠，但这显然取决于未来城市连接和融合的程度。为了评估这些问题，我们需要更详细地了解城市是什么。我们将在下一章中解决这一困惑。

## 最小与最大的城市

在回头观察全局图景之前，还有最后一个问题需要我们迅速讨论完。正如我们一直努力强调的，城市是自下而上产生的。城市起源于个体开始把各自的技能和属性集聚起来，以便从并置中获得优势，从而形成规模经济，同时避免这种集聚带来的任何成本增加。事实上，简·雅各布斯在她的第二本著作《城市经济》（*The Economy of Cities*）中指出，城市的概念是人类自身固有的，甚至在游牧时代也作为一种创新的小块地区而存在，在那里，游牧部落很快认识到分组、联合和分工的优势。[25] 在标准分类中，最小的城镇从小村落的概念开始，然后发展到村庄。一旦一个村子达到大约 1 000 人，便通常被归类为一个小城镇，这表明这个人口数量设定了一个可能被认作是城市的下限。不过，"城镇"一词的含义依赖于历史和文化，在不同的时间和地点有所不同，在这个问题上没有明确的共识。事实上，从历史定义来看，一个城市之所以为城市，取决于它所基于的更广泛人口的绝对规模。例如，在古希腊时期，世界人口约为 1.5

亿，大约是现有水平的2%。与此同时，由柏拉图提出的第一个被广泛接受的关于城市规模的猜测，尤其是关于最优城市规模的猜测，是包含大约5 040名市民。然而，至19世纪后期，这个数字已经上升为数十万，到20世纪中叶则达数百万。[26]

从我们20世纪初的角度来看，城市规模的上限同样存在问题。在第一次工业革命的大转型开始之前，城市规模几乎不可能超过100万人。正是技术创新使文明突破了这一障碍。在过去的200年中，我们发明了大量的物理移动技术，但仍被这些技术所限制，即使在高速列车变得司空见惯的时代（至少在中国），人们依然很难想象每天上下班通勤单程超过1小时的城市。对于通勤的时间和距离没有严格的规定（除了24小时的限制之外），但是距离市中心超过100公里的地方似乎不太可能继续被视为传统意义上的城市。就其与更偏远的城市的连通性而言，这极大地改变了城市的定义。在这本书中，我们将多次回到这个问题，因为我们创造未来城市的一个关键结果很可能是，物理位置所扮演的传统角色发生了超越所有认知的改变。

事实上，在我们本章探索的JRC关于城市规模的数据中，最大城市的传统排名顺序也发生了极大的改变。过去50年来，东京都地区被列为最大的城市，目前约有人口3 300万，但根据JRC的数据，如今拥有4 600万人口的广州①才是最大的城市，紧随其后的是开罗和雅加达，然后才是东京。可以说，除了开罗，最大的城市现在都

---

① 此处的广州并不严格指广州市区，含其辐射地区。——编者注

在亚洲。这种现象很可能会持续下去。如果观察一下所有人口在5万以上的13 844个城市的规模分布，我们会发现，其中没有任何一个城市脱颖而出。如果研究一组城市中最大的城市（或者最大的5个城市）之间的关系，假如这些城市的人口数量似乎比它们的功能形式所暗示的要多得多，那么我们就说它们是首要城市（primate city）。在许多国家，按杰斐逊的传统定义来说，这种首要地位与首都城市功能的支配地位有关，例如在英国和法国，首要城市分别是伦敦和巴黎。皮萨连科（Pisarenko）和索尔内特（Sornette）把这样的城市称为"龙王"。正如频率分布可能偏离严格的幂律一样，这些"龙王"的存在意味着有一个推动其出现的更加复杂的生成和竞争过程。[27]事实上，当我们观察迄今为止关于城市规模最全面的来自JRC的数据时，我们尚未发现世界上有处于如此重要地位的城市。如果有什么区别的话，顶级城市的人口比严格的幂律所暗示的要少。如果以JRC数据集里的第一大城市——广州为例，它的人口为4 600万，仅占全球5万人以上城市中人口总数（38.2亿）的1%。加上排名下一位的城市开罗，也就再增加一个百分点，把排名前五的城市人口加在一起时，也只占到整个城市化人口的4.75%。这么看，这些最大的城市远称不上首要城市，即使我们在2 500年的时间跨度里检查钱德勒和莫德尔斯基数据，也没能检测到首要性。我们的猜测是，在21世纪或下个世纪，世界上将不可能出现任何一个处于顶端的城市独占鳌头。城市规模层次结构中的任何级别情况同样如此。如果城市确实以异常和离群点的形式脱颖而出，那么城市经济似乎具有足够的活力迅速解决这些差异，以继续超越自身和竞争对手。

## 相关转变

我们在这里所描绘的人口统计学和城市化的巨大转变，与一系列将在未来100年及以后主宰世界的转变有关。这些转变主要涉及数字技术。第一次工业革命围绕蒸汽技术展开，第二次是电力技术，第三次是数字技术，而第四次工业革命即将开始，它涉及人工智能、生物医学、纳米技术和通信技术等领域广泛而深刻的改变。其中大部分技术依赖于计算机和通信的融合，以及它们在社会和建筑环境中的应用，而连接性在这一演变中起着至关重要的作用。虽然在第1章中我们主要关注单个城市、它们的规模以及它们的总体规模分布，并以此作为思考这些问题在21世纪余下时间将如何发展的序曲，但城市是由相互影响的元素所组成的，这一概念从未远离我们的思考。随着城市规模的扩大，"潜在"交互的数量正比于相互连接的元素数量的平方，这必将带来质的变化。因为随着城市的发展，个人面临的社会和经济联系会以超过正比的方式增加。我们将在后面的章节中看到，这些网络定义了不同种类和大小的城市。在一个人口只有100人的村子里，人们可以很好地了解彼此，而当村庄或小城镇达到1 000人时，这种了解将不再可能实现，并且随着城市越来越大，社会和经济行为及其相互作用在数量和性质上都将发生变化。

在本章结尾，我们不会深入讨论即将定义未来的相关数字转变，我们的重点是希望读者明白，与人口统计学变化相关的临界点，和许多其他向数字化社会过渡时作为先驱的转变相比，有很大的不同。在过去50年中，计算机正在迅速小型化，具体表现为每18个月内存扩大一倍，成本降低一半，以及速度提升一倍等方面。摩尔定律正是试图量化这种超指数增长的规律，而随着对计算机硬件发展至关重要的材料及制造的重大变革，以及量子计算的发展，摩尔定律几乎没有停止的迹象。根据梅特卡夫定律，与城市间的交互作用一样，联网可以让计算机能力随着与网络连接的计算机数量的增加而超正比地增长。软件和数据的增长也存在着同样的规律，目前，自动化和人工智能在很多领域快速发展，都依赖于这种势不可当的进步。

随着人口增长逐渐进入某种稳定状态，随着连接性、迁移和数字通信在全球城市网络中逐渐占据主导地位，我们可能会看到城市中更深层次和更不显著的物理变化。从人类第一次开始思考如何通过建造城市来改善生活质量到现在，它们很可能已经远远偏离了我们习惯于看待它们的物质形态。带来当前数字转型浪潮的迅疾变化没有结束的迹象，如果说有什么影响的话，这种强烈的变化不仅深刻地威胁着我们对城市中短期和长期可能发挥的作用，也增强了这些作用。布林约尔松（Brynjolfsson）和麦卡菲（McAfee）用"第二机器时代"（实质上是第四次工业革命）预言了这一现象。[28]这将改变我们的城市，其方式放在六七十年前数字计算机刚被发明时是不可想象的。在我们所面临的未来图景中，信息技术、医学及工作方式中不断变化的各种奇点持续支配我们的思想，直到我们找到能够减少其影响并改变其方向的解决方案。该如何将所有这些因素反映到城市的未来形式中呢？我们将在本书的余下部分继续探讨。

第 3 章

# 定义城市

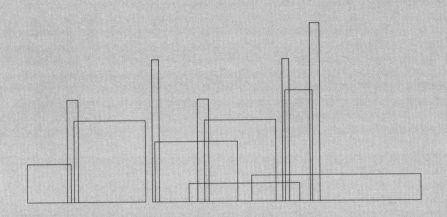

城市在其完整意义上就是一种地理丛、一种经济组织、一种体制过程、一个社会行为的场所和一种集体统一的审美符号。城市孕育艺术，它本身也是艺术；城市创造剧院，它本身也是剧院。

——刘易斯·芒福德（Lewis Mumford）

《什么是城市？》

自大约 5 000 年前在美索不达米亚平原首次出现以来，城市就具有了地理完整性，这意味着使它们作为综合系统发挥作用的组成部分在地理上总是非常接近。从这个意义上说，直到古典时期甚至可能直到第一次工业革命之前，最早的城市都保持着紧凑的状态，城市内的互动都在合理步行距离范围内，其中大多数情况下，居于其间的人口需要保持密切联系才能发挥城市的作用。20世纪伟大的城市历史学家刘易斯·芒福德在上面的引文中以地理丛的概念作为出发点指出了这一点。但他对城市的描绘远不止于此。城市既是一种地理产物，也是一种社会产物，还是一座思想的剧场。在城市中，人口自发增长，超过临界数量，产生了越来越大的多样性和社会与经济互动的潜力。因此，城市不只是空间系统，而且是无空间的，甚至非空间的，因为它们的许多属性并不会随着空间发生明显的变化。事实上，在纪录片和小说关于城市的绝大多数描写中，地理维度常常是隐含的。[1]从柏拉图到查尔斯·狄更斯，从希罗多德到乔治·奥威尔，他们在纪实和小说作品中，关于城市的描写更多地侧重于历史和文化方面，而不是地理和经济方面。

城市是人们聚集在一起共同投入劳动以追求更大的繁荣，并从事更多的社会活动以丰富日常生活的场所。在城市中，生活密度决定临界人口数量，随着越来越多的人相互接触，社会互动也以超过正比的速率增加，推动文明前进的创新由此产生。城市的根源在于新技术的普及和宣传——并不一定包含新技术的创造过程，但包含其发展和传播的方式。爱德华·格莱泽在他的《城市的胜利》（*Triumph of the City*）一书中赞美了大城市所提供的多样性：

> 城市，这个遍布于全球的人口密集聚集地，自从柏拉图和苏格拉底在雅典市集争论的时代以来，一直是创新的引擎。[2]佛罗伦萨的街道为我们带来了文艺复兴，伯明翰的街道为我们带来了工业革命。而当代伦敦、班加罗尔和东京的巨大繁荣亦源于它们孕育新思想的能力。

在这本书中，我们首先需要定义城市是什么，这样才能绘制出不同规模的城市与不同功能之间的关联。正如我们在上一章中所看到的，小城市比大城市要多得多，因此我们需要重新审视"如果生活在同一个大城市里，我们都会变得更富有"这样的观念。毫无疑问，生活在大城市确实会带来社会和经济效益，但这同时也会给我们的行为和作用增加诸多成本和限制。规模经济（economies of scales），有时被经济学家称为规模收益递增，它的对立面就是所谓的"规模不经济"（diseconomies of scales），即规模收益递减。19世纪末，阿尔弗雷德·马歇尔（Alfred Marshall）首先引起我们对这种聚集经济和不经济现象的注意[3]，自20世纪末以来，随着城市变得越来越大，人们普遍认为集聚带来的经济效应高于不经济效应。然而，大城市并不一定比小城市更适合居住和经商，因此我们必须学习以适当的方式定义城市，以便确定这些属性。此外，就其物理范围而言，我们所讨论的属性已远超城市的简单地理或几何形状，因为它们取决于我们彼此联系的无数种方式。为此，我们需要探索人们在日常生活中建立联系的不同方式，因为正是这类日常生活的诸多方面定义了我们在不同规模的城市中的作用。

## 连接与等级：纠缠关系

要理解城市如何运作，至关重要的一点是知晓构成城市的各项要素之间是如何联系的。如上文中芒福德的定义所示，这些联系不只是地理或物理层面的，也是社会、美学和文化层面的。尽管城市的地理定义通常是理解城市的合适出发点，但城市有许多特征并非来源于地理因素。事实上，尽管在过去，地理是构成一个城市最主要的制约因素之一，但我们所经历的巨大转变很可能会促进在地理上完全没有联系的"城市"的诞生。在某种程度上，这已成为事实。当像我这样的人花更多的时间远离出生的城市，通过旅行结识志趣相投的同伴，或者当我们通过电子邮件和其他电子形式的即时访问来处理各种事务，与更多不在我们身边的人联系时，我们居住的城市就与我们扎根的物质城市拥有了不同的边界和定义。如今，一些顶级大学在拥有最多的生源、对知识的渴求最强烈的城市设立分校，我们就可以从中窥见这种全球城市的现象。

过去，我们基于城市的地理位置研究城市，却很少关注城市内部及不同规模的城市之间的相互作用。尽管我们已经认识到城市中的交通和土地利用是同一事物的不同方面，但我们关注更多的是区位而不是相互作用。而这一情况正在发生改变，新的城市科学正在将我们理解城市的方式和内容向交互系统领域推进。[4]在本书中，从此处开始，我们会一直强调网络的重要性——首先介绍它对于定义城市的重要性，在随后的章节中，我们还会强调在现代社会变得越来越数字化、虚拟化，在物理上遥远但以电子方式连接的情况下，网络在未来的城市运行中究竟扮演了怎样的角色。

众所周知，在最适宜的尺度上，我们所联系的人和物的数量存在上限。罗宾·邓巴（Robin Dunbar）提出的邓巴数就是基于这样一种概念的极限[5]，即认知上的限制决定了与一个人有稳定关系的人数有一个上限，这个数字大约是150。超过这个数字，一个人也有可能形成有意义的关系，但很可能需要对这种关系的性质施加更多的约束，以使这种水平的关系持续下去，并且如今有证据表明，这种限制受到许多不同种类的通信，尤其是电子通信的影响。邓巴数还表明，在100人左右的最小定居点中，很可能大多数人都彼此认识，但随着人口增加到1 000人以上（小城镇），我们的联系能力在很大程度上将取决于其他因素。

在社交网络方面，有一条众所周知的规律：任意地方的任何人大约只要通过6个人就能联系上其他人。这就是所谓的六度分隔理论。这一"小世界"现象最初是由斯坦利·米尔格拉姆（Stanley Milgram）于1967年证明在美国大陆成立，当时他做了一个实验，要求一个被试随机抽取一个他们不认识的美国其他地方的人。[6]然后，研究人员要求被试从认识的人中找一个自己认为可能更接近被调查者的人，与其沟通，请求对方传递信息，以尝试与那个陌生人建立联系。米尔格拉姆得出的结论是，平均每个人似乎通过网络中的6条连接便能与他人取得联系。此外，对于不同规模的网络或不同层次的地理等级，这个数字很可能保持不变，因此六度分隔理论同样适用于小城市和大城市。当然，对于这些关系的普遍性也存在一些争议，一些人认为小世界现象只是一个便于流传的"都市"传说，不过以此为基础，至少更有助于我们把城市看作一个互联的系统。

随着城市规模的扩大，潜在联系的数量与居住在城市中人数的平方成正比。当然，这个数字是一个上限。随着我们加入越来越多的网络，并且假设网络在很大程度上彼此独立（因为在大多数情况下，一个人要么使用这个网络，要么使用那个网络，但同时不超过一个），潜在联系的数量仍与连接的数量的平方成正比。这实际上是前一章提到的梅特卡夫定律[7]，但在现实中，连接的总数受邓巴数的限制，而且，由于连接（或者说分隔）的程度遵循类似于六度分隔的定律，连接的结构也得以大大简化。

所有这一切都意味着，随着城市规模的扩大，人们会不可避免地面临增加与其他人联系的压力。这可能体现在与城市密度相关的紧张关系上，包括占据同一空间的人数增加，以及关系数量的增加。这是规模收益递增的基本论据，稍后我们将看到，它是当前人们关注的随着城市扩大，其规模效应和质变的核心所在。此外，在某些文化和经济体系中，这是一个首要命题：大城市可以更好地作为技术进步的孵化器和加速器，有利于追求更高的经济回报与更可持续、更绿色和更健康的生活方式。

在试图定义一个城市的范围时，我们会设想这样一个形式模型，即把一个城市看作一系列通过不同网络相连的网络群。如果一个人与和他有关系的人之间的联系可以根据谁认识谁来排序，那么我们可能会把这个复杂网络中一个人形成的所有关系分成一系列等级。然而，构建这片复杂网络的更像是一组互相纠缠的层级结构，如果我们要了解城市的结构以及人与人之间的关联关系，就需要简化这些层级结构。在前几章中，我们引入了最简单的层级结构，即根据城市规模对其进行排序。然而，在这种情况下，这些等级只是不同的层次，从上到下即为最大城市到最小城市。各层之间不存在嵌套，因此我们对城市规模的讨论可以被视为定义等级顺序的一条线。对城市内部等级的最好定义是把它视为越来越小的地理单元或社区，小的地理层次位于更大的地理层次之中，就像一组俄罗斯套娃，只不过在一个大娃娃内某个更小尺寸的娃娃的个数是多个而非一个。这种层次结构是一组严格有序、彼此嵌套的对象，它们的大小从整个系统依次减小到最小的元素。这是我们熟悉的树形结构，它定义了我们传统的和最简单的层次概念，即河流状或树状网络。然而，我们是否能够将城市或城市体系简化成这种有序的结构，在很大程度上是一个悬而未决的问题，因为这种结构要求嵌套元素之间有十分清晰的边界，而我们在实际城市中看到的情况与此相去甚远。

为了最好地展示互相纠缠的层次结构，我们可以从最基本的元素开始构造一个城市，这与我们在前两章中强调的城市从下而上发展的观点完全一致。想象一下，有一个小村庄——几个家庭住在一个地方，他们把劳动力集中起来开垦出更大的农场，吸引了其他农民过来，农场逐渐发展，形成一个村庄。这些地方社区的结构在邻近时比分散时发展出了更强的联系，从而形成新兴城市的雏形。为服务整个定居点，社区中的相邻家庭聚集成社区，向周边居民提供特定服务，而随着城市变大，出现了更大的区和专门的中心来为整个系统服务。如果我们假设邻里之间保持严格分离，那么就会出现一个完美的、可以用树状图表示的层次结构。从本质上讲，构成层次结构的要素在其可持续性方面都是自给自足的，如果维持这一结构的任务产生经济盈余，人们可能会想象城市结构像一台润滑良好的机器一样运转。这就是弹性系统（resilient system）模型。赫伯特·西蒙（Herbert Simon）率先在他题为《复杂性的体系结构》（The Architecture of Complexity）一文中清晰阐述了该模型。他认为，人们需要通过小的部件来构造大的结构，就像小城市变成大城市一样。如果小部件具有密集的内部连接结构，但它们之间的交互作用密度较低，那么形成的层次结构就具有分解成最基本的部件的弹性。[8]

这种结构听起来像是一台机器，但事实并非如此。实际上，原来互相独立的家庭和社区一开始以正常的方式建立联系，但随后就开始移动位置，重新开发土地，或者重建社区的各个部分，同时吸引新的人口进入，形成他们自己的社区。随着不同社区中的人互相交流并融合在一起，社区的独特性被打破，这不仅是因为他们曾经是某个社区的一部分，还在于社会友谊和经济联系的发展和变化。完美的层次结构不再是嵌套的，不同层次之间出现了重叠和连接，这模糊了它的边界。如果社区在地理上相邻，它们就会开始重叠，不过我们没有理由将该模型仅限于空间上相邻的社区。这种相邻可能是纯粹的社会关系，虽然每个人都存在于地理空间中，但地理维度对于网络发展的动机来说可能并不重要。克里斯托弗·亚历山大在他的论文《城市并非树形》（A City Is Not a Tree）中首次阐明了城市等级结构的模糊性，他认为严格的、嵌套的等级结构对于城市的结构和发展方式来说过于简单。[9] 事实上，亚历山大认为城市等级的树状结构应该被一个更复杂的结构所取代，这种借用自数学领域的结构被称为半格（semi-lattice）结构。他的观点是，许多城市规划倾向于把世界简化成由层级构成的城市，但要产生构成城市的真正的多样性——简·雅各布斯和爱德华·格莱泽所歌颂的城市生活丰富性[10]，重叠的层级结构能够更好地描述这些结构。我们在图3.1中对亚历山大的各种层次结构进行了说明。

　　事实上，亚历山大将城市从形式上描述为半格结构而不是树状结构，就表明了城市不仅仅是等级结构。他只假设了一种网络、一种层级和一种半格，但很显然，现代城市由多个网络所组成，所有这些网络都可以用更简单的形式表示为重叠的子分区和子系统的半格。如果你能想象半格结构是什么样子，那么再把所有这些半格结构放在一起，它们之间再形成不同类型的联系，那么几乎不可想象的复杂纠缠结构就出现了。在本章的后面部分，我们将介绍最简单的网络，以说明在定义界限分明的、非重叠的地理社区——我们认

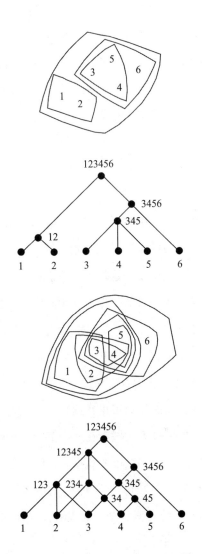

图3.1　亚历山大提出城市不是树状结构（1965年）之后出现的各种层级结构

为它们是构成城市的正确元素——方面，我们还需要走多远。如果我们要建立一门新的城市科学，使其在理论上与我们所知道的城市在经济层面的运行方式以及它们作为社会产物结合在一起的方式相一致，如何将社会网络映射到经济网络上（经济网络反过来又会留下地理足迹）就是一个巨大的挑战。

## 城邦、大都市、城市带……

虽然我们将在下一章中探讨城市的实际物理形态（即形态学），但本章我们需要从城市的早期发展开始介绍城市的传统形态。自史前以来城市的规模一直很小，这是因为我们在一定时间内能走（而且不能疲倦并能够完成一天的工作）的距离是有限的。这意味着城市的半径很少超过6公里。一旦城市人口增长到几十万（虽然对于1世纪的罗马、7世纪和15世纪的中国南京而言，数十万人仅是一个很小的数字），就意味着统治者需要投入巨大的资源和政治力量进行适当的管理和运输，才能让城市正常运转。事实上，直到工业革命开始之前，即使是规模最大的城市在地理范围上仍然很小，因为人们工作和生活的密度比当代城市要高得多，而且在缺乏机械动力的情况下，城市的边界几乎没有扩展。古罗马的面积只有14平方公里，人口不超过110万；与之相对，今天的曼哈顿拥有160万人口，面积则为85平方公里。

18世纪以前的城市通常都被城墙所包围，传统意义上是为了防御，但也是为了给社会施加政治秩序，当时大多数社会的政治和行政体系都比今天要落后得多。事实上，在19世纪初至19世纪中叶，人们仍在建造和维修这类防御设施，直到后来战争技术的发展使这类防御工事过时。同样，直到19世纪中后期，重型轨道车才首先出现，然后是电车和公共汽车，随后是汽车、地铁和电轨列车出现，城市才开始蔓延到城墙之外。在此期间，重型轨道车也变得更加高效，从而实现长途通勤。在工业革命以前，城市的经济结构基本相似，它们主要作为农业腹地的服务中心或政治城镇，通常具有政府的首都职能。人们提出了各种各样的人文地理学理论，以解释按城市规模划分的从属服务的严格和不严格、明确和重叠的层次结构是如何与前工业时代的景观相关联的，例如沃尔特·克里斯塔勒（Walter Christaller）提出的中心地理论[11]。

我们来回顾一下19世纪以前学者们对不同类型城镇的反思。古希腊人在描述城市的政治和经济结构时，将城市表述成人造艺术品。具体来讲，城市这个概念被松散地称为"城邦"，被用作建立各种哲学和法律规则的模板，这些哲学和法律规则决定了古希腊城邦的治理方式。就若干方面而言，城邦人口较少，不超过1万人（包括公民和奴隶），在理想化的结构设计中，大约由1 000名士兵组成的军队便可保卫城市。事实上，古代许多城市都拥有大致相同的功能结构——卫城，通常是一个加强防御的中心点，用于宗教性和防御性的撤退，此外，还有市集、剧场、体育馆、运动场，等等。对于那些不像古希腊城邦或古罗马兵营（筑有防御工事的营地）那样具有明确结构的城市，我们了解得不多，但过去的许多城市可能基本上是高密度的贫民窟，结构相对简单，其实际形式和功能已随时间的流逝而湮灭。世界上许多城市都是用泥砖一次次建造又重建的，我们对它们的了解基本上依赖于考古学证据，要想对这些城市的形态和结构进行合理准确的描绘，则需要相当深入的挖掘。

19世纪后期，帕特里克·格迪斯（Patrick Geddes）和马克斯·韦伯（Max Weber）两位学者开始根据城市的形式和功能与其大小和规模的关系对城市进行分类。[12]韦伯对消费型城市和生产型城市进行了关键区分，前者主要指以提供服务和作为政治中心为主要功能的城市，后者则指工业城市和工业革命前以贸易为主的城市。事实上，韦伯的贡献主要在社会学方面，他对城市的定义倾向于回顾在工业革命最早的第一阶段主导城市规模和分布的各种增长模式。

然而，格迪斯关注的是城市的发展和演变。他创造了"复合城市"（conurbation）这一术语来定义已经开始融合在一起的城市体系：用今天的话说，就是多中心的城市形式，我们在下一章中讨论形式追随功能的现象时将对此进行阐述。在某些方面，西欧尤其是英国的工业化社会，无疑建立在早期非工业的农业基础之上，最初的集镇分布服务于其农业腹地。从这个意义上说，新的工业化导致古代与现代融合，新的产业利用早期的服务分配，为城市的发展和融合提供了天然的背景。因此，复合城市并不是由后来的城市扩张形成的。

事实上，格迪斯对复合城市的定义不仅仅是原本互相独立的城镇和城市的融合。他写道："需要为这些城市地区这些聚集的城镇起一个新的名字。我们不能称之为'星座'（constellation）；'集聚'（conglomeration）似乎更接近一些，但听起来不太好理解；那么，

'复合城市'（conurbation）呢？也许这就是我们想要的词语，可以用来表达这种新的人口聚集的形式，而这种新的人口聚集形式已经在我们不知不觉的情况下发展成新的社会聚集形式。"这对于格迪斯来说是一个格外有意义的视角，因为在他生活的整个世纪里，一直到我们生活的世纪里，大规模、戏剧性的聚落增长和聚落融合（形成复合城市）已成为一种主要的模式。事实上，格迪斯在对城市形态的推测上思考得更加深入。他重新使用了"七王国"（heptarchy）这个旧词——这个词原本表示英格兰最初的七个王国——来表示联合在一起的复合城市，而这正是 20 世纪的英国经历的变化。他还为这些城市地区创造了"世界城市"（world city）一词，这个词与当今城市之间通过新的信息技术进行连接的方式产生了巨大共鸣。[13]

格迪斯还引入了"大城市连绵区"（megalopolis）这一术语，暗指城市群的融合——这些城市通过扩张和规模聚集的方式连接在一起。格迪斯关于城市增长的观点在 20 世纪对城市化和世界城市发展的研究贡献良多，但他对城市增长并不完全持乐观态度，他认为城市增长在很大程度上是失控的。而格迪斯曾经的门徒刘易斯·芒福德对城市未来的阐释甚至比他自己原先的预期还要悲观。20 世纪中叶，芒福德提出，城市蔓延（正是这样的过程产生了美国东北海岸等城市连绵区）会造成经济衰退和社会衰退，而衰退的形式和影响将加速世界末日的到来。他在著作《城市文化》（*The Culture of Cities*）中详细阐述了这一点，其中也包含了他对技术和文明的未来的看法。雅各布斯强烈反对芒福德略带阴暗的观点，认为这本书"在很大程度上是一本病态的、带有偏见的疾病目录"。[14]其他一些人则开始使用"城市连绵区"一词，比如让·戈特曼（Jean Gottmann），他对东北海岸城市未来的研究呈现出相当乐观的态度。[15]康斯坦丁诺斯·佐克西亚季斯（Constantinos Doxiadis）对城市未来的看法同样如此。他推测，到20世纪末，世界人口将达到500亿，未来将由一个世界性的城市组成，他称之为"普世城"（ecumenopolis）。[16]

佐克西亚季斯是为数不多的根据规模来定义城市类型发展全过程的学者之一，我们在此有必要列出他的观点，因为它为我们提供了一些关于城市如何随着规模增长而变化的实质内容。他提出的人口连续体依次是：人类，1人；房间，2人；住宅，5人；小村庄，40人；村庄，250人；街坊，1 500人；小城邦（城镇），10 000人；城邦（大城镇/城市），75 000人；小都市，50万人；大都市，400万人；小型城市连绵区，2 500万；大城市连绵区，1.5亿人；小型城市洲，7.5亿人；城市洲，75亿人；最后是普世城，500亿人——这正是他在1976年预测的整个地球会达到的人口数量。值得注意的是，当佐克西亚季斯在近50年前推测城市的未来时，人们的普遍看法是人口将急剧增长，而且许多人也认为这种增长实际上是不可持续的，这与上一章中描述的马尔萨斯对20世纪中叶的预测相呼应。

## 作为城市的都市群

上一章提到，到21世纪末我们都将生活在城市中，不管是哪种形式的城市。佐克西亚季斯对未来的展望是，未来的城市将是一个让每一个人在物理上相连的普世城，一个物理实体或超有机体。里基·伯德特（Ricky Burdett）和德扬·苏吉奇（Deyan Sudjic）遵循佐克西亚季斯的传统，在《无尽的城市》(*The Endless City*)中也采用了"普世城"这个名字。[17]尼尔·布伦纳（Neil Brenner）和克里斯蒂安·施密德（Christian Schmid）扩展了这一图景，提出"行星城市化"(planetary urbanization)概念，包含一个更具差异性的、在很大程度上由全球连通性定义的"城市性"。[18]虽然这样一个相互联系的实体不可能真实存在（我们不可能在全球的每一处都建造城市），但城市正在相互融合，创造出了比我们迄今为止认为可能存在的任何事物都更大的形式，这一想法促使我们更清晰明确地理解城市在具体的多个维度始于何处，又终于何处。上一章中提到的JRC数据库显示，全球最大城市（区）是覆盖中国东南部珠江三角洲的大城市连绵区：连续的城市发展连接了香港和广州，还包含澳门、珠海、东莞和城市群内的许多其他城镇。

这个城市群目前约有4 600万人口。而仅仅在30年前，这个城市群还几乎不存在，这些城市的总人口不超过1 200万。如果那时你从香港九龙红磡乘火车在广九线上行驶，大约需要40分钟才能到达中国大陆的边界，然后，这条铁路就进入了一个不同的世界，穿过稻田和村庄。3小时后，它到达了由自行车组成的城市——广州。而现在，你可以乘坐地铁从香港到深圳罗湖，然后换乘一辆形状像导弹一样的高速列车，穿越三角洲。在这个世界上最大的城市群中，这些火车和所有相关的基础设施不断地被投入使用，这个城市群内各部分相互间的可达性仍在不断地增强。从香港到广州，乘坐最快的火车只要40分钟。现在，广州是一个完全现代化的大都市，几乎没有减缓增长的迹象。

图3.2是根据JRC数据绘制的新兴大都市地图。从图中可以清楚地看到，将此聚集区划分成层次结构清晰的不同集群非常困难。我们认为，定义城市不仅仅是利用几何学和地理学来确定城市的起点和终点，这与雅各布斯、芒福德和格莱泽之前提到的观点一致。事实上，如果仔细观察图3.2，你会发现几乎不可能通过比较城市与农村腹地的人口密度，将各个城市作为准独立的集群彼此分开。此外，尽管这个庞大的城市实体在物理上相互连接，但只要稍微了解一点儿人们在该地区生活的情况，就会知道，它的组成部分仍然是独立的城市，因而在许多方面，需要对各个城市进行单独考虑。物理连

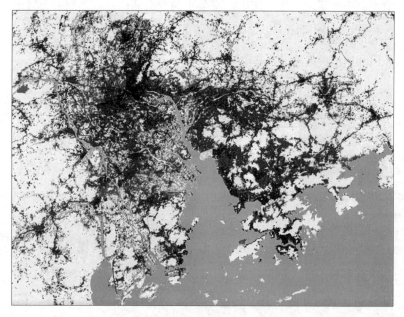

图3.2　由最大的都市群组成的集群

接并不一定意味着所有相互连接的组件都是同一实体的组成部分，我们需要将功能与形式相分离。可以说，如果构成图3.2的所有部分都通过大量的物理流动方式相连，则说明不同地区的经济活动相互依存，或许就可以将整个实体视为单个城市。而如果各部分之间的流动不是物理的，而是通过电子信息流动的方式，那么在某种意义上，整个城市聚合体就可被视为一个城市群。但是，对于独立城市组成的城市群的定义更为复杂，我们需要对将城市群体分解成其组成部分（如果你愿意的话，也可以将其称为城市）的规则了解清楚，这对于测量城市的各种属性具有重要意义。

在定义城市时，有三个关键指标一再出现。第一个是密度，这就是图3.2中体现出的指标，用每公顷的人数来衡量。第二个指标衡量了任何两个地区之间相互作用或相互依赖的程度，体现的是整个地理空间中所有人口或个体之间的联系强度。这些相互作用通常以物质流来衡量，例如去上班的人流、不同工业区之间的商品流动，甚至住宅区内的居民移动。正如我们将在下面的章节中详细阐述的那样，电子联系和流动在扩大我们对城市的定义，以及突破地理局限方面具有极其重要的意义。事实上，在本章中，虽然我们将寻求基于物质和人流的相互作用的城市定义，但这些相互作用本质上都以地理因素为基础。第三个标准与地理上的邻近度有关。构成城市的所有单元，不管是个人、家庭、社区，还是地区，在某种意义上都必须彼此接近，不过我们在之后的章节会讨论这些定义推广至非空间的联系和流动后的情况。

对于这三个关键指标，人们已广泛地达成共识，即从密度、相互作用、邻接度或邻近度方面对城市进行界定（尽管城市规模和政治组织也是重要特征）。几位研究分析人士认为，一个地区要被认为属于城市，其人口密度必须至少达到每公顷14人，即每平方公里1 400人。事实上，科蒂诺及其同事认为这个标准有点儿偏低，他们认为每平方公里接近2 000人是更合适的阈值。[19]但这在很大程度上取决于一个地方的文化、传统和现代化水平。在相互作用方面，通勤范围通常被用来定义一个城市：任何一个地方，如果超过20%的劳动人口在居住区以外工作，这个地方就应被考虑纳入城市区域。第三个标准——邻接度表述如下：如果所述地方同时满足另外两个标准（这是一条很严格的规则），那么在距离大约2公里内的地方通常也被认为是城市的一部分。科蒂诺及同事提出了一种简单的算法，可以生成满足这些标准的城市：首先确定密度最高的区域或中心，然后放宽条件，考虑密度稍低、相邻并且满足最小通勤阈值的地方。如果一些地方在地理上不相邻，算法则会调用距离的阈值，用于填补目前为止在生成的结构中出现的"漏洞"。然后进一步放宽密度阈值，再次运行算法，逐渐扩大已经出现的城市，直到它们达到每平方公里2 000人的最小密度阈值、20%的通勤阈值以及所有对邻接度的要求。

这种程序有许多变量，但大多数都遵循这种通用形式。在构建城市范围的过程中（无论是在一开始还是在任何中间的时间点），经常会用到两个相关标准：城市单元的最小规模，以及衍生地是否具有行政完整性。在美国，人口普查局假定一个小型城市的最小人口数为1万，一个大都市统计区的最小人口数为5万，中国国务院在对中国城市的划分中也采用了类似的定义。然而，JRC数据并不是基于功能方面的阈值（如通勤）来定义城市的，因为它最初是根据遥感测得的土地覆盖情况来界定城市和农村的。经济合作与发展组织（OECD）数据则使用15%的通勤阈值定义的功能性城市区域，与之相比，JRC更倾向于使用密度作为城市构成的决定因素。[20]正如我们在下一章将探讨的，尽管受政治和行政边界定义的影响，对于城市的定义可能存在实质性差异，但在所有这些定义下，形式和功能都是紧密相关的。

为了让读者感受一下可以用来定义大城市的多种边界，我们将以伦敦为例，在图中绘制出不同标准定义出的伦敦的范围。从中心商业区的中心地带（圣保罗大教堂附近的金融区）开始，我们添加一个相邻区域，该区域与已经包含不断增长的体量的区域相邻，因此绝大部分的相互作用都发生在区域内部。当我们增加更多的区域时，城市内部相互作用的比例会增加——我们在聚集的每个阶段会捕获更多信息，这意味着我们正在覆盖越来越多与城市相关的活动。为保证这一进程继续进行，我们需要一个更大的、有边界的区域，为此，我们选择以伦敦及其外围大都市地区为例。一旦将所有区域添加到这个不断增长的集合中，我们就覆盖了系统的整个活动。从这一点出发，如图3.3所示，我们可以为捕获的20%、40%、60%和80%的活动绘制边界，从而体现通勤阈值和邻接性这两个标准。在图3.3中，我们没有使用密度标准，但将其作为附加的筛选条件也很易于操作。在接下来的章节中，我们将探讨如何以相对简单的方式定义城市，从而得到不同规模的城市，并在此基础上研究结构相对

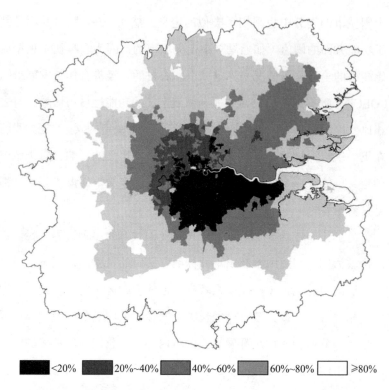

■ <20%　■ 20%~40%　■ 40%~60%　■ 60%~80%　□ ≥80%

图3.3　由不同通勤阈值定义的大伦敦（数值范围均只包含较小的值
不包含较大的值）

于规模的定性变化。

## 从城市等级中提取城市

在第一次工业革命前，城市的标志性符号是宗教和政治权力的
顶峰：在古典时代，是卫城，到了中世纪的欧洲，是大教堂。但到
20世纪20年代，随着电力和钢结构的发明，城市的标志性形象已

演变为摩天大楼。我们将在第6章中对摩天大楼进行更多探讨，但正在发生的这一巨大的转变给这个城市带来了另一种更加抽象的形象——网络。城市不再是关于位置的：它关乎互动，关乎网络，关乎我们如何交流和服务于与维持生命的资源流动相关的建筑环境和自然环境。近20年来，网络理论在科学和社会科学领域得到长足发展，这并非偶然。网络科学正迅速成为诸如城市，乃至更广泛的经济本身等复杂系统的基础表示方式。[21]

在定义城市时，我们可以把它们视作更广泛的城市系统网络中的集群。网络是由节点和连接组成的图，其中节点表示不同的位置，它们之间通过连接以某种方式彼此交互。有时节点和连接分别被称为顶点和弧，有时被称为中心和辐条，还有其他不同的术语，但所有这些术语都表达了这样的观念：网络是用于发送和接收消息的容器。事实上，网络很适合用来实现我们在前文中介绍的城市定义中的最基本元素。首先，节点定义了我们居住、工作、娱乐、学习等活动发生的位置，而这又反过来定义了任意地点的密度。固定空间中的节点越多，密度就越大，只要随意观察一下城市就会发现，在靠近城市传统中心的过程中，节点的密度通常会增加。第二，连接表示人们活动（即节点）之间的交流通道，这些通道可以是固定在空间中的物理或电子途径，也可以是空中的电磁波，例如无线连接。这些连接还定义了流量，并且可能与加权图相关联，在加权图中，实际的流量、距离、行程时间、成本等定义了这些连接的可以被赋予的数值。第三，连接在几何和地理上对城市进行锚定，不管它们是物理的还是非物理的；在这方面，这种定义方法涉及各种阈值，利用它们可以通过不同程度的聚类将节点连接在一起。当然，这是定义城市密度和物理范围的本质。

我们将从所有网络中最简单的街道网络开始，关于这类网络我们都拥有切身体验。街道网络上的流量是指步行、骑行或乘坐车辆的人，所有这些都与以不同速度进行的各种活动有关。铁路网络和航空网络不受城内物理移动的限制，可以作为这些物理移动在更大尺度上的补充。为了说明城市以及不同密度和大小的地方的层次结构，我们将以最简单的街道网络为例，展示如何从中提取城市。大多数国家的街道网络通常可以从各种国家测绘机构或众包版本中获得，其中最流行和使用得最广泛的是开放街道地图（Open Street Map，OSM）。[22] 在英国，最详细的街道网络来自地形测量局。在其最新发布的版本中，调查局定义了大约350万个节点，即街道交叉口，以及大约840万个连接，这些连接是长度不短于100米的街道段。要测量整个国家（英格兰、威尔士和苏格兰）的网络发达程度，可以简单地将连接数量除以节点数量。由此可得每个节点的平均连接数为2.4，表明尽管其具有突出的城市集群，但总体上是一个密度相当低的网络。

我们可以通过分析的方式拆解整个网络来定义这些集群，首先分离出最大的集群，最后根据相关集群得到不同大小的城市。或者我们可以反过来，先构建最密集的集群，然后以综合的方式不断向上一级层次结构移动，直到覆盖整个网络。我们在此无须考虑精确的细节，这种渗透分析有许多变体，其结果稍有不同。无论是自上而下还是自下而上，我们首先要做的是根据连接的权重（流）对它们进行排序，这在例子中表现为物理距离。然后，我们从最小距离开始，添加节点以自下而上形成集群，或者从最大距离开始，取走节点以自上而下显示集群。在自下而上的方式中，我们首先确定由最小距离连接的两个节点并将它们归为一组。在第一阶段，我们可能会发现，如果我们所做的只是添加满足阈值的节点，那么我们就会组合一条距离链。如果在任何阶段发现三个节点在一个特定的距离阈值下两两形成连接，那么我们就必须决定是否所有这三个节点都必须在该阈值内连接以形成一个三角集群（如果我们认为这是一个重要条件的话）。事实上，考虑到我们正在处理的空间的性质，那么由于欧几里得距离的结构，形成城市的节点迟早会被全部连接。所有这些方法都基于渗透模型，就像我们制作咖啡一样。图3.4展示了这一过程，显示了生成集群所必需的各种步骤，并暗示了重复这些步骤以逐步发展出整个层次结构的方法。

从整个图开始，然后对其进行分解的方法更容易用图示来说明。首先取最大的距离阈值，然后放宽该条件，在取不同等级的阈值之后剩余的图形就形成了层次结构。在图3.4中，我们展示了通过自上而下的方式，逐渐放宽距离阈值至极限来提取一个非常简单的层次结构和城市集群的过程。这个示例的重要之处在于可以在过程中生成大量集群。通常，在大型网络中，有太多的东西需要识别，当然，当我们沿着层次结构前进时，它们会分解成越来越小的集群。尽管该方法可以很容易地被修改以产生网格状的层次结构（如克里斯托弗·亚历山大建议和图3.1所示的那样），但当我们搜索不同的城市时，我们不希望得到重叠的集群。在一个城市与城市景观融合从而

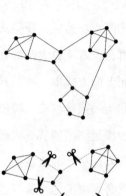

第一步：按从大到小的顺序，将每条连接的距离排序。

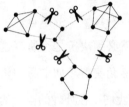

第二步：找出距离最大的一批连接，将其按距离由大到小的顺序依次剪断。在这张图上，我们剪掉了距离最大的5条连接。

第三步：剩下的连接把网络定义成更密集的一系列集群。

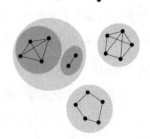

第四步：这些集群可以继续通过第二步和第三步进一步细分，选择距离次大的连接，将其剪断。

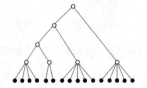

第五步：这样，层级结构就建立起来了，可以用树状图来表示。

图3.4 用渗透理论定义城市集群

变成多中心的世界里，如果我们对某个节点属于哪个集群不明确，那么就可能很有必要考虑重叠集群。但这又再次取决于定义城市时使用的标准。在这个城市的世界里，很多事物都是基于我们认为符合我们特定目的的、最直观的方式来定义的，而这又会因环境的不同而大不相同。因而，构造层次结构有许多不同的方法。[23]

　　说明这种方法的最好范例就是英国的街道网络数据集。当我们从完整的图开始，从上到下进行渗透时，我们首先确定彼此相距超过5公里的所有集群，在这些较大的距离阈值下，所有岛屿（主要是苏格兰海岸外的岛屿）都与本土分离。随着我们继续放宽这个界限，主要的民族作为相互联系的集群首先脱离出来，即苏格兰城市首先分离，然后丘陵地区彼此分开，最后，这个国家分成英格兰东南部和西北部现已非工业化的中心地带。苏格兰之所以独立，是因为它直到500年前还是一个独立的国家实体，但很显然，不同的区域划分揭示了许多与过去200年间英国工业史相关的政治和经济特征。主要城市周围的非工业化地区与农村贫富阶级、国家东南部富裕地区和伦敦形成了鲜明对比。最终，距离阈值下降到100米，这个阈值太低以至于无法用于定义城市。但当阈值在250米附近时，城市确实非常明显地体现了出来。图3.5（a）和（b）分别显示了在这三个阈值下，12个最大集群的层次结构和关键区域的三张图片。

　　层次结构并不像人们想象的那般易于理解。由于任何阈值水平都定义了不同规模的独立的集群，这些集群便可以从已经形成的集群中分离出来，并且这些集群可以很好地连续分解——不是为了显示城市，而是为了显示越来越小的集群，一直到小村落和村庄，在

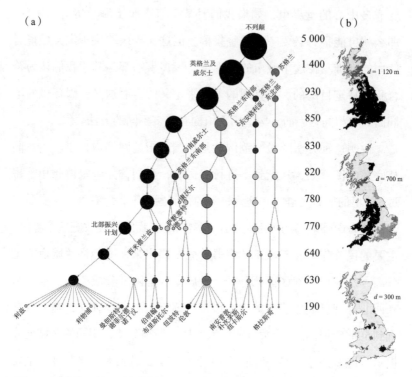

图3.5 基于英国的街道网络定义英国的城市集群：（a）国家–区域和城市等级；
（b）特定层级的样本集群

这一过程中就完全错过了城市阶段。在某个时间点，我们必须决定在哪里停止进一步放宽阈值，但如果我们继续放宽直到得到最小的部分，那么在使用这个渗透模型来定义城市时，我们需要再经历一个阶段：定义与不同大小的特定城市相关的阈值，如果你为一种规模的城市选择了一个阈值，随着进一步分解，这个城市可能会进一步分裂成准独立的社区。本质上，我们需要使用独立的标准来决定一个城市何时是一个城市。如果我们再看一下图3.5中的层次结构，就会发现每个层次上的节点实际上是节点集群，它们的大小与剩余的连接集群中包含的街道交叉口数量成比例。随着阈值减小，即支持该阈值级别的集群所需的距离而逐渐变小，这些集群也逐渐变小。阿尔考特和她的同事已经详细介绍了如何开发和推广该方法。[24]

在探讨这种定义方法揭示了城市内集群的哪些信息之前，我们还需要提出最后一点。这与政治、文化，以及某种程度上的历史因素有关。在过去的几年里，苏格兰独立的势头达到历史最高点，尽管2014年苏格兰独立的投票没有遂苏格兰民族主义者的心愿，但一年后即2015年的投票结果完全改变了苏格兰的政治版图，获得支持的是民族主义者。[25] 2016年投票决定退出欧洲共同体（所谓的"脱欧"）时，苏格兰再次与英格兰北部腹地及周边支持脱欧的地区对立。苏格兰及其城市支持留在欧盟。这场辩论的关键问题在于，我们在分解等级结构时所产生的集群，令人信服地反映了不断变化的政治和经济格局，在反欧盟情绪的海洋中，城市是世界主义和国际主义的独特飞地。核心城市似乎受到了全球经济的启发，而核心城市周围的非工业化城市地带显然是反全球化的（很明显，这些地区在过去30年或更长的时间里没有得到任何大城市所获得的好处）。这是通向未来的一个重要标志，我们将在以后的章节中含蓄地提到它，特别是在第8章中，我们会讨论这些城市的定义所能告诉我们的信息——关于未来城市的世界及其可能被隔离的方式。

当然，在达到我们认为合适的城市规模之前，集群的形成和解体都不会停止。如果我们自下而上地构建集群，首先检测到的是城市的最小组成成分。为了便于识别和理解，这些最小集群可能是邻里——这个单位具有凝聚力，传达着一种社区意识，同时也反映了种族、收入和社会阶层的差异。城市中的邻里概念具有悠久的历史。事实上，简·雅各布斯认为功能良好的城市是由不同的邻里组成的，这些邻里不会被街道那样的人为屏障隔开，同时又具有土地多元利用的特征。[26]克里斯托弗·亚历山大也反对将城市分割成离散邻里的观点，他认为，这种泾渭分明的等级划分完全是人为的，即使由规划者强加到城市头上，最终也会演变成更加多样和混乱的结构，也就是图3.1中描绘的重叠邻里。[27]

同样，我们将在后面的章节中对此进行更详细的评论，因为许多隔离都是由诸如贫民窟化等不受欢迎的力量所驱动产生的。事实上，托马斯·谢林（Thomas Schelling）的一些极具洞察力的研究可以作为一个经典例证，它们表明了这种分歧是如何产生的。[28]他指出，由于人们具有一种简单而温和的偏好：倾向于成为与自己喜好更相似的邻里的一员，那么一旦哪怕只有一个人开始移动，这种多样性很快就会瓦解。在此，我们将说明，与许多通常用于总体规划的理想化事物相比，渗透法更适合把城市定义为独特且独立的邻里。图3.6展示了约翰·卡里（John Cary）于1790年绘制的伦敦收费公路区地图，这是一种地理学意义上的邻里类型，[29]同理还有与帕特里克·阿伯克龙比（Patrick Abercrombie）《大伦敦计划》（*Plan for Greater London*）中著名的伦敦邻里地图。[30]这些邻里并不重叠。接下来，我们将展示使用自下而上的方法渗透到特定阈值水平构建出的集群。在每种情况下，邻里划分都截然不同。当然，更符合实际，即反映了现实的杂乱状况（比如包含重叠的邻里关系）的模型更能

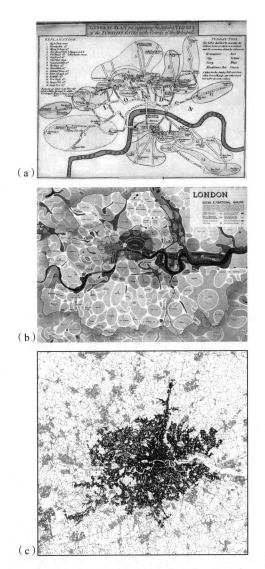

（a）

（b）

（c）

图3.6 自下而上定义社区：（a）卡里的伦敦收费公路区地图（1790年）；（b）阿伯克龙比《大伦敦计划》中的伦敦著名邻里地图（1945年）；（c）对伦敦使用自下而上渗透法形成的前12个城市

反映城市定义的模糊性，但它却更难以解释。就目前而言，我们在此只是表明，密度、距离和邻接性代表了将城市定义为地理对象的关键因素。

## 现代都市的中心悖论

一些城市研究的学者和评论家已经注意到了一个看似悖论的问题：信息技术令我们得以在全球范围内传播和交流我们的思想，在这种背景下，大城市的两极分化已变得更加突出。从某种意义上说，大城市的核心区变得更密集了，但郊区的范围也更广了。爱德华·格莱泽称之为"现代都市的悖论"[31]，他说："随着长距离运输成本的下降，邻近性的价值反而上升了。"这种"距离之死"带来的影响远比表面上看起来得要深远，因为它代表着一种巨大的延伸，一种转变，使我们能够在任何地方生活和工作，但正如我们在本章前文中所描述的，城市核心都是一群志同道合的人在互动，追求着相同目标，这一现象正在全球城市景观中迅速形成。[32]在上一章中，我们还注意到，最大的城市，即规模在前500、1 000，甚至10 000名以内的大城市的人口规模在增加，而各种规模的城市分布趋于平缓。也就是说，所有城市无论其规模大小，都变得越来越大，而最大的城市正在世界人口中占据越来越大的份额。在大城市中人们需要更多的面对面接触，和当下人们能够便捷地在全球范围内进行交流，这两者之间的矛盾将对城市未来产生决定性的影响，因为形式与功能变得越发分离，如何将城市定义为独特的地理对象所带来的复杂性也变得越来越成问题。因此，我们将使用格莱泽悖论作为我们的第二个一般性原则，用以区分前工业时代的城市和在后工业时代迅速崛起的城市，在后者中，几何和时间的作用可能比我们过去在城市中观察到的任何事物都要复杂得多。

在这个阶段，在开始描述形式如何从功能中分离之前（这将是下一章的关注点），我们应该先探讨城市是如何在物理上迅速膨胀，同时在功能上变得全球化的。有一种倾向认为，信息技术的出现，让所有将人们联系在一起，使他们在同一个地方联合行动的黏合剂熔化了，一个新的电子化住宅世界正在向我们袭来——在这样的世界中，人与人之间不再有太多的物理互动。但是，回想一下我们在生活中花了多少时间与物理上的邻居互动，我们会得到一些启发。在孩童时期，我们的世界在尺度上是非常小的，对我们大多数人来说，只有长大成人后才能开始意识到世界到底有多宽广。在我们生命的头20年，我们交往的人数随着互动范围的扩大——从家庭到教室，到社团和社区而增加，而在这些小小的物理世界中发生的强烈互动，对我们如何看待一个场所具有主导作用。当我们成年后，随着在更广阔的世界中的体验和见识的增多，这些早期经历的权重不断降低。但作为生活经历的一部分，场所的重要性贯穿于我们的一生。它可能变得不那么重要，但它是确保我们保持场所感的有力工具，使得在一个主要由非物质性的互动组成的世界中，场所能继续存在。当然，这是一种猜测，但我们在讨论未来城市时需要将其铭记于心。

在本章中，我们已经阐释了将城市定义为一个独特的、物理的人工产物是多么困难。虽然我们也曾提及城市是多维的，这意味着几乎不可能将其所有多样性都融入一个单一定义，但我们仍需这样做，因为这是将具有不同规模、不同密度和不同增长率的城市进行比较的唯一方法。这是一本关于未来的书，由于我们关于城市如何发展和演变的思想是从下而上的（自上而下的设计在城市的整体演进中起的作用相对较小），人们普遍预言城市设计本身将在21世纪发生演变。好的设计应该能够开始构建适度的规划，不再像过去的建设规划那样让邻里、地区和整个城市具有严格的定义并且彼此分离。从古典时代起，人们就开始尝试规划理想城市，它严格按照区域对功能进行划分，就像阿伯克龙比1945年的大伦敦计划[33]，勒·柯布西耶1929年的明日城市[34]和弗兰克·劳埃德·赖特（Frank Lloyd Wright）1945年的广亩城市[35]，这些都应当成为过去。如果我们从20世纪得到了什么关于城市设计和建设的经验，那就是，给未来城市强加统一性是徒劳且具有误导性的：城市是通过个体适应彼此和更广阔的环境的行为而自发地演化出来的。很难说这是否真的会发生，但为了更直接地讨论这个问题，我们将在下一章中，针对现在和未来城市的形式和功能，进行更详细的探讨。

# 第 4 章

# "形式追随功能"还成立吗

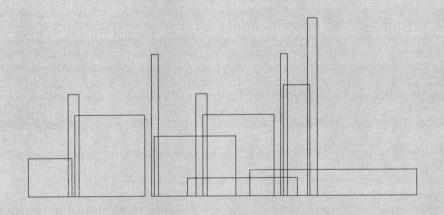

一切有机物和无机物,一切物理的和形而上的事物,一切人类和超越人类的事物,头脑、心脏、灵魂的所有真实表现,都普遍遵循这样一条规律:生命在其表达中是可识别的,其形式永远追随功能。这是定律。

——路易斯·沙利文
《高层办公大楼的艺术考量》

诚然，定律就是用来被打破的。早在20世纪末，路易斯·沙利文提出的现代主义运动的准则——形式追随功能，就被建筑本身打破了。随着数字世界的出现，现在许多支撑城市功能的特征已不再具有实体形态。事实上，在世界从以原子为基础转向以比特为基础的过程中，形式的本质明显不同于迄今主导我们对城市的理解的物理主义。沙利文的格言在他提出这句话的时代非常适用，因为那时建筑正变得越来越高。钢架、电梯和电话的发明都使人们能够比以前更加有效地在时空中移动和交流，由此催生了新的形式，这是这些发明带来的直接影响。一种新的极简主义很容易地建立起来，其中高层建筑的形式反映了建造技术形成的简单线条，任何装饰都被剥离了。虽然这在当时非常有说服力，但这种极简主义并没有持续很久，到了20世纪末，沙利文的"定律"似乎不再适用于现实情况。尽管"形式追随功能"这句陈词中总有些夸张的成分，但它的逐渐消亡仍然是一个想法不断被验证（或创造），直到它被清晰无误地证伪的逻辑的另一个例证。[1]有关"形式追随功能"争论的一个更微妙但可能更重要的结果是，数字世界建立在一系列技术发明的基础之上，这些技术的物理存在与前数字时代占统治地位的技术截然不同。如前几章所述，这些新技术乍一看几乎是不可见的，虽然跨越空中的通信确实留下了一些物理痕迹，但我们很难将这些电子信号与城市形式协调起来。

形式和功能的概念可以追溯到亚里士多德，但在现代世界，特别是在生物学中，是歌德以形态学的名义提供了最早的包罗万象的形式概念之一。他曾写道："形式，在形成和消逝的过程中，是一种处于运动中的事物。有关形式的研究实际上就是有关转化的研究。对变化的研究是知晓一切自然现象的关键。"[2]这一概念性定义对于我们理解城市的形式和功能极其重要，因为它提出了增长、变化和转变——简而言之，就是演化的概念。这不仅对于我们理解过去的城市至关重要，而且对于我们思考未来城市可能采取何种形式同样极其重要。城市通常是高度结构化的，这反映了它们的增长和定性转变，其特征和过程我们将在本章后文中介绍。但是，不同的社会和经济活动发生地点的密度差异，以及这些活动通过交通交织在一起的方式是形式的关键因素。从这个意义上说，我们再次看到，网络和流动在定义城市的功能方面非常重要。在过去，土地使用和交通之间存在分裂的现象，一者经常独立于另一者被衍生、研究、甚至设计。[3]但形式研究中还缺少的一部分研究是，随着社会的发展，特别是新技术，尤其是那些与通信有关的技术出现和融合时，形式会发生何种转变。

因此，有必要把整个交通和通信系统视为未来城市的关键。我们的任务是探讨如何开始阐述通信技术,这些技术的物理属性和可见性,与 5 000 年前城市在美索不达米亚出现以来一直主宰城市的技术相比,可谓是完全不同。过去曾有人试图解释无线和有线通信的影响,例如电话和广播(后者程度更小)。但由于这些技术基本上是被动的,而不是交互式的,就其用户能够以可计算的方式处理信息的意义上来说,几乎没有任何关于这种通信对城市形态影响的研究。克劳德·费舍尔(Claude Fischer)关于电话的研究是一个例外,一些关于依赖早期版本网络的高科技产业如何选址的研究也处于前沿。[4]但总体而言,还没有人认真研究过城市的形式和功能是如何改变的,或者城市是如何通过电子邮件、在线地图,以及从全球网络以及大规模扩张的应用程序和各种社交媒体中提取的信息而被改变的,这些因素必然会使城市发生相当戏剧性的改变。[5]但我们对此仍一无所知,反映出这个挑战是何等艰巨。

在回顾我们对城市形态的形状和模式已有的了解之前,值得注意的是,城市的大部分——但不是全部,都是由新的增长所构成的。这一部分最终会老化,然后通过再生来进行转化。因此,新功能覆盖在旧功能之上,形成分层。这使情况变得相当复杂,因为城市的物质形态受社会和经济变化的影响要比看上去的大得多。新的功能出现并适应了既有形式,这些形式本身仅会在比人类活动更长的时间周期内变化。例如,伦敦城(金融区)的街道模式仍然具有中世纪街道系统的鲜明特征,甚至 1666 年的大火也没对此产生影响[6],但在过去的 500 年里,伦敦城的情况已多次发生改变。这是我们在理解当代城市的未来时必须处理的一种复杂性。

我们将首先从物理形式的主要组成部分以及这些组成部分在历史上发生了哪些变化的角度来形成关于物理形式的观点。我们的观点是把城市视作是大体上自下而上发展、不断演变的对象，因此，我们将引入增长城市的概念，作为一种模板，研究城市在变化时如何添加和删除功能。这将推动我们研究当新技术被发明并开始破坏和改变旧技术时，城市形式（在转变中）变化的方式。在此，我们将着重研究质的变化，即各种社会经济指标以及这些指标是如何随着城市的增长而变化的。最后，我们将看看关于所谓的"最理想的城市"，我们已知的有哪些。这将使我们能够重新审视理想城市的问题。理想城市一直是我们梦想未来城市的主要的模式。之所以称之为"梦想"，是因为在过去，这样的设想虽然很有趣，但在很大程度上是虚构的，而对未来城市而言，研究它必须建立在相当现实的前提下。

## 物理形式：城市的形态与模式

自史前开始，那些希望将自己的意志从上到下强加于城市形式的人（同样也是那些希望控制和管理城市人口的人），以及那些在小范围内通过个体自下而上的行动来行使决策能力的人之间总是存在着各种紧张的关系。这种决策风格和模式的混合导致系统高度多样化，因此不能简单地看作自上而下或自下而上，而是两者都有，随着跨越多个层次的决策者而定。从这个意义上说，城市既在自然演化，也在有计划地发展。在某种程度上，城市是一系列历史事件的产物，它们的发展轨迹有时被称为"路径依赖的"（path-dependent）。从这个角度来看，历史很重要，没有哪个城市可以不借助动力学信息和相互连接从而催生多样性（简·雅各布斯曾清晰地描述了20世纪50年代至60年代她所居住的曼哈顿地区的这种多样性[7]）的众多过程而被理解。

在某种程度上，古代城市似乎比现代城市包含更多的自上而下的规划，尽管这很可能是因为考古学强烈偏向于记录更持久的规划结构，即以更耐久的材料建造的结构。对于那些用干泥砖建造的城市来说，尤其如此，正如化石记录所示，许多这类城市经历了一次又一次的重建。事实上，最初的城市就是采用的这种形式。图4.1展示了一系列古典时代之前的照片。我们可以从石器时代的洞穴壁画中直观地推测出最早的地图，但到公元前1500年，地图已经出现在古代美索不达米亚的泥板上。图4.1（a）和（b）展示了尼普尔和巴比伦的泥板，而图4.1（c）则简化绘制了恰塔霍裕克遗址附近的苏美尔城市加苏尔（Ga Sur）的情况。图4.1（d）和（e）展示了公元前4000年左右，早期乌尔古城的重建模型和地图，显示了城市中心作为内部戒备森严的宫殿的重要性。图4.2展示了三张古典时代的城市地图。图4.2（a）是米利都，为希腊在小亚细亚（即如今的土耳其西部）规划建造的定居点，显示了国家对城市网格计划的控制力以及对使用功能的支配权。罗马，则如图4.2（b）所示，呈现了一种类似于现代城市的，更加多样和有机的组织模式。图4.2（c）显示了典型的罗马军营，罗马人可以在短短几天内迅速建成军营、驻扎军队。这些营地通常最终被改造成中心城市，如伦敦，那里仍保

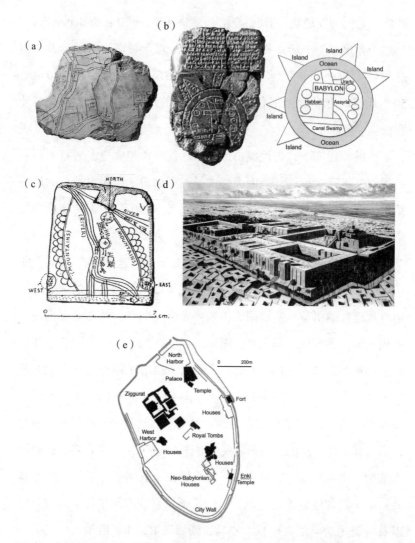

图4.1 古城的形态：（a）约公元前1200年，黏土片上的尼普尔城地图；（b）约公元前600年，泥板上的巴比伦城地图；（c）约公元前2500年，恰塔霍裕克遗址附近的加苏尔地图；（d）约公元前4000年，乌尔古城的重建模型和地图；（e）抽象的乌尔古城地图，城市中心已清楚地标明

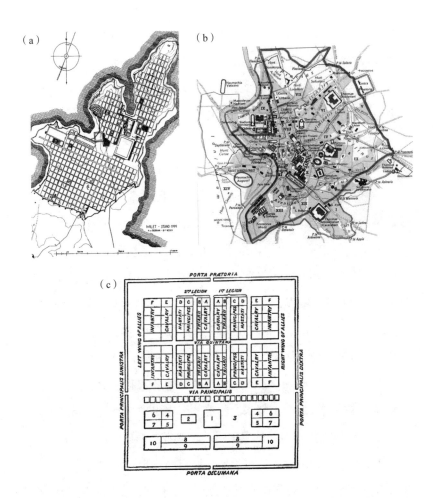

图4.2 经典的经过规划和未经规划的城镇布局：（a）公元前450年的米利都，一个经规划形成的希腊定居点；（b）约公元前200年的罗马；（c）一个理想化的罗马兵营模型

留着一些原有的网格状结构。[8]

即使在古典时代，尽管城市仍然很紧凑，但其腹地的村镇开始依赖于它们的功能，并在一定程度上扮演起郊区的作用。西塞罗使用"郊区"（在英语中用suburbs表示，"sub"意为邻近，"urbs"意为城市）这一术语来形容与罗马周边政治精英阶层相关的大型别墅，但真正的郊区，即围绕核心的低密度飞地，直到19世纪中后期，才随着快速交通的出现真正地建立起来。工业革命之前，城镇相对紧凑，人口密度远高于当下西方的大多数城市。这些规模上的限制主要在于财富有限，以及缺乏交通工具，人们无法离开核心区较长距离以享受更多的空间。从史前开始，城镇的结构就一直围绕着一个而不是多个中心来组织，这个中心在20世纪被称为中央商务区（CBD）。在希腊城邦，市场和卫城——宗教和相关政治力量的守卫堡垒，统领着这座城市。尽管人们描绘的古希腊常常是民主、理性辩论和公正论证的所在地，但现在我们明确了解到，希腊的大部分城邦是由相当高密度的住房组成的，在某些情况下的条件与贫民窟类似。

而在文艺复兴时期，古希腊和古罗马的艺术和科学被人们再次发现时，这种模式迎来了复兴。随着欧洲走出黑暗时代，经过中世纪，走向始于16和17世纪的启蒙运动，财富慢慢积累，城市开始被艺术性地看作美丽之地。这也延伸到城市的物理布局和建筑。在标准规划中，有一个核心来作为所有智慧辩论和货币交换发生的场所，为了促进这种互动，理想的城镇通常以对称的放射状方式分布，同时仍然保持坚固。公元前80年左右，维特鲁威在他的《建筑十书》中对建筑实用工具进行了分类和发展，这些实用工具后来被列奥纳

多·达·芬奇等重要思想家复兴和推广,而建筑的秩序原则,特别是
对称性,则由布鲁内莱斯基(Brunelleschi)、阿尔伯蒂(Alberti)和
帕拉弟奥(Palladio)等建筑师以古典风格实现。图4.3(a)至(d)
展示了文艺复兴时期城市规划[9]的实例。

工业时代以前,也有一些大城市以多中心的形式延展核心区域

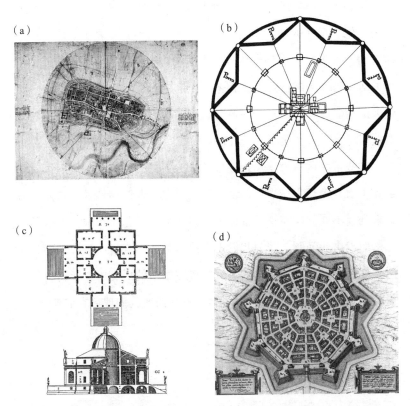

(a) (b) (c) (d)

图4.3 文艺复兴时期的城镇规划:(a)列奥纳多·达·芬奇于1502年绘制的意
大利城市伊莫拉的地图;(b)菲拉雷蒂绘制的乌尔比诺宫殿平面;(c)帕拉弟奥
设计的别墅;(d)帕尔马诺瓦城平面

的情况。例如，现在被称为伦敦城的地区，即伦敦最初的中心，从公元之初建立的罗马营地和堡垒衍生而来。在中世纪晚期，宫殿迁至威斯敏斯特，威斯敏斯特距离伦敦城几英里<sup>①</sup>，成为拥有完全独立的王室和议院的城镇。到19世纪末，零售业开始占据伦敦城与威斯敏斯特之间的伦敦西区，而伦敦城依旧保留并扩大了其金融服务。现在，在伦敦城以东大约3英里处的金丝雀码头还有另一个CBD，这表明伦敦现在的中心功能几乎具有多中心生态的特征。在工业革命之前，大多数城市都有面积很小但非常独特的核心，土地使用和相关活动围绕着核心区形成紧密的条带。如图4.1（d）和（e）所示，过去的很多城市都有这种带状分区和将带状区域与中央核心区相连的放射状走廊，甚至早在公元前4000年左右的乌尔城的建立亦是如此。这些带状区域总是出现在以防御为目的、由坚硬的材料围就的边界（通常表现为城墙）内部。然而，以工业革命前的城市发展方式来判断不同规模城市的性质是否发生质变，是不可能的。这是一个悬而未决的问题，因为我们没有恰当的数据来说明城市功能是如何随规模发生历史性变化的。我们将在本章的后文中继续讨论这一点，因为很显然，随着城市的发展，存在需要我们理解的重要质变。

## 标准模型

自第一次工业革命开始以来，甚至更早以前，人们就已经认识

---

① 1英里≈1.61千米。——编者注

到了距离在构建城市中所发生的事件及其发生场所中的作用。不同的土地利用和活动带相对于中心的距离由它们为中心承担的经济需要而定，而由于建造所需的资源限制，将这些条带与中心连接的放射线的数量是有限的。因此，它们以最经济有效的方式填补了城市存在的整个空间。有一个标准模型可以解释这种工业革命初期发展起来的差异，但它最初是为了解释农业用地如何围绕市场中心集群而建立的。自 20 世纪中叶以来，该模型被广泛应用于解释当代城市体系的结构。

200 多年前，一位名叫约翰·海因利希·冯·屠能的德国伯爵调查了他位于下萨克森州梅克伦堡（Mecklenburg）的庄园，并得出如下结论：他和他的佃户组织种植农作物的方式大致形成圆形，围绕一个用于销售农产品的中心地块，种植类似的农作物的地带形成同心圆。[10] 如果你能飞上 1 000 米的高空，你就会看到种植不同作物的同心圆。种植位置最接近市场的是那些最易腐烂、生长速度最快的作物，如蔬菜，而距离市场最远的是那些最不易腐烂，生长时间极长的作物，如提供木材的树木。在这些极端情况之间，伯爵的庄园被按季节组织成种植不同种类的农作物，而中间的位置用于养牛和制造乳制品。当然，冯·屠能并不满足于仅仅简单地描述这种模式，他想解释它，因此他弄明白了空间经济运作的基础到底是什么：需要最快进入市场的产品会试图尽可能接近市场，但需要为这种便捷支付更高的租金，但同时近距离也能帮助降低运输成本。那些所种植作物生长时间较长、生产强度较低的土地离市场较远，土地租金较低，但会产生较高的运输成本。冯·屠能认为，在一个完美的世界里，为生产地支付的租金加上到市场的运输成本是恒定不变的。

冯·屠能未曾按照这种规律制定顺序。它并不是通过自上而下的集体努力规划而成的，而是随着时间的推移由个体的行动演化而来的。因此，它的空间组织本质上是在自下而上的多个决策中产生的。不同农产品占据与市场距离不同的空间完全来自农产品生产过程的经济学现象，反映在将农产品运输到市场的成本和该农产品与其他农产品竞争所获价值之间的权衡上，人们以此确定某种农产品能在距离市场多近的地方生产。当然，生产的各种农产品必须要有市场，人口也必须达到一个最小规模才能支持这种生产，从这个意义上说，生产价值必须能填补其所需成本，并在考虑运输成本和租金的情况下，产生正常利润。在情况好的时候，生产边界将扩大，而在情况不尽如人意的时候，生产边界将缩小。所有这一切的结果就是，离市场越近，生产密度越高，产量就越高。如果要求生产者支付租金，那么离市场越近的生产商支付的租金也会越高。如果到市场的运输路线或生产地的自然地形发生异样，那么市场周边的圆形布局将做出调整以适应这种不规则情况。例如，如果在一个方向上有一条比其他任何方向都快得多的运输路线，那么这就会让该路线邻近地区的运输成本降低，生产布局也会做出相应调整。如图4.4（a）所示，土地利用的规划组织根据其所能负担的与市场不同距离的相应费用而确定，而河流或运河为进入市场提供了相对低廉的运输成本。

冯·屠能并未考虑可定义一个中心系统的市场中心数量达到多少将会改变这一模式，也未考虑真实系统会如何随着真实世界的噪

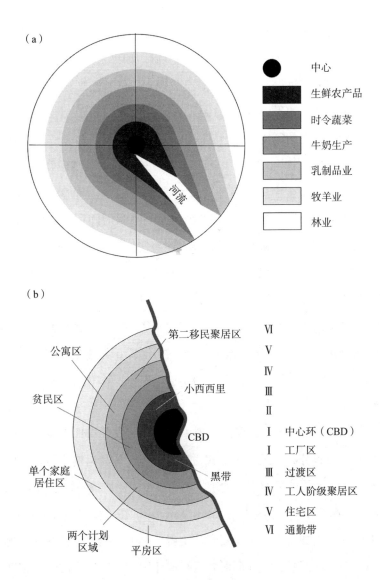

（a）

中心
生鲜农产品
时令蔬菜
牛奶生产
乳制品业
牧羊业
林业

河流

（b）

第二移民聚居区　　Ⅵ
公寓区　　　　　　　Ⅴ
贫民区　　　　　　　Ⅳ
小西西里　　　　　　Ⅲ
　　　　　　　　　　Ⅱ
单个家庭
居住区　　　　CBD　　Ⅰ　中心环（CBD）
　　　　　　　　　　Ⅰ　工厂区
黑带　　　　　　Ⅲ　过渡区
　　　　　　　　　　Ⅳ　工人阶级聚居区
两个计划　　　　　　Ⅴ　住宅区
区域　　　　　　　　Ⅵ　通勤带
平房区

图4.4　将城市组织成同心环和放射状路径相结合的结构：（a）冯·屠能的同心环围绕着一个农业市场中心的模型；（b）1925年，帕克和伯吉斯的芝加哥模型

声和异质性而发展。但他的思想完整保留到今天，已成为现代人们理解整个城市的空间形式如何构建的基础。如果快进到现代，探究市镇和城市如何进行空间组织，你会发现它们仍然近似于遵从冯·屠能的环形规律。如果观察过去100~200年中世界上任意一个发展起来的大城市，它们的结构也都会反映出一个很强的市场核心——CBD，其周围由不同土地利用的环形所围绕。在该区域中，随着与中心区距离的缩短，租金会显著提升。芝加哥就是一个典型的例子，而许多城市也都具有相似模式。在20世纪很长的一段时间里，我们认为，在城市中，这种同心圆结构，夹杂着使人们能够更快地前往中心进行工作和购物的辐射状网络，代表了一种近乎理想的空间类型。这似乎是事物的"自然"方式。它描绘了一种平衡，它可以追溯到工业革命之前的中世纪城市，甚至古典时期，在工业时代也并未被打破。工业时代只是增强了这种平衡，中心城市变得越来越大，越来越专业化，而郊区随着与中心的距离变大，其密度变得越来越稀疏。

在图4.4（a）所示的标准模型中，不同的农业用地围绕市场中心呈同心圆状分布，其利用方式由产量（租金）和运输成本之间的权衡决定。为使该标准模型适用于工业城市，罗伯特·帕克（Robert Park）和欧内斯特·伯吉斯（Ernest Burgess）在《城市》（The City）一书中就以芝加哥举例，阐明了贫困群体是怎样被迫生活在中心附近的高密度地区的，与此同时，富裕群体则可以在边缘的较低密度区获得更多空间。[11]通勤对这张图而言，至关重要。如图4.4（b）所示，同心圆区域以湖为边界（灰色实线），体现了几何学对城市形态的影响。

　　我们假定这种城市发展模型代表了这样一种结构，它以令城市活动竞争空间和支付租金（反映了去往CBD的运输成本）的能力达到某种平衡，但绝不是一个完美市场。在某种程度上，作为当下城市经济学核心的冯·屠能的基本模型，[12]是以完美竞争的概念为基础的，但将其应用于收入差距和不平等现象普遍存在的现代城市，这个模型就有许多缺陷。例如，市中心附近租金较高，人们也许会认为因为富人能比穷人出价更高以获得这类优质空间，所以富人更可能住在那里，但事实证明，至少在大多数西方城市，较富裕的人倾向于生活在边缘地带（尽管有人猜测这种模式已开始瓦解）。[13]在城市外围，富人可以获得更多空间，也能承担相应的交通费用，而穷人则挤在离中心较近、更拥挤的空间中。因此，穷人最终会比富人支付更多的单位空间住房费用，这很难说是完美的竞争。在某种程度上，它令现代城市的中心和内部区域陷入了贫困陷阱，弱势人群被迫居住在犯罪活动猖獗、平均寿命较短、获得良好教育的机会少得多的区域。

　　在这里，芝加哥再次成为经典范例。20世纪20年代，一群自称"社会生态学家"的人在帕克和伯吉斯的领导下，以同心圆形式绘制了城市中明显的环状布局。这些图所反映的并不是不同的产品，而是不同类型的居住小区，显示出穷人和弱势群体被集中在城市内部高租金、低质量的住房中。[14]涌入城市的新来者往往首先占据城市内部区域，而最富有的人因为住在最远的地方，在20世纪20年代被称作"通勤者"。这种被社会生态学家描述为"入侵并演替"的方式标志着这座城市自19世纪中叶开始毫无约束的爆炸式发展。这些涌入的人群,即环形区域的人口增长,都意味着一个城市在不断转型。如图4.4(b)中所示的芝加哥,随着城市的发展和富裕程度的提高,富裕人口的向外迁移和贫穷人口的向内迁移决定了典型的社会生态。

随着城市继续向外扩张和人口两极分化,由同心地带和辐射状网络组成的世界正在迅速消失,这反映了格莱泽悖论。[15]从19世纪中叶到20世纪中叶,财富的增长和交通速度的提升加速了郊区的发展,并巩固了汽车作为主要交通形式的地位。尤其是在美国城市(也许不包括最大的城市,但肯定包括大多数城市),市中心已失去了吸引力,城市开始以多中心的方式融合,创造了第3章所探讨的大都市类型。20世纪末出现的主要城市模式是多中心景观。想象一下,将许多冯·屠能环状模型分散在连接核心的道路景观上,然后修改土地用途以反映复合模式的可达性,你就会对这样的城市世界有一些印象。保罗·克鲁格曼(Paul Krugman)对此有一个非常好的总结,他写道:"单中心模型指环状地区围绕着单一中心的形态,把一个大都市描绘成一个洋葱的剖面。而今天的现实情况是,美国所有的大都市,甚至纽约或芝加哥那些拥有巨大而重要的市中心办公区的城市,也不太像洋葱剖面,它们更像是杰克·霍纳的葡萄干布丁,其边缘城市与葡萄干相对应。"[16]

再加上城市内部明显的两极分化和种族隔离,我们现在所生活的世界的图景就变得更加完整和清晰了。这与标准模型相差甚远。

20世纪的当代城市是纽约和凤凰城、巴黎和广州、墨尔本和曼彻斯特的混合体。业已出现的各种多中心结构如今布满了专门的、所谓的边缘城市，这是乔尔·加罗（Joel Garreau）在与该词同名的《边缘城市》（*Edge City*）一书中推广的术语。[17]这种聚集的图景有许多，如第3章中图3.2所示的珠江三角洲中广州的发展模式即为实例之一。就城市间相互关系、城市内部配置、土地利用方式、社会群体和经济活动而言，城市现在呈现出高度异质化的特征。如今，标准模型只和我们在现代城市看到的景象略微相似而已，不过到目前为止，也并没有其他模型能够取代它。同时，随着机械和电气革命兴起所带来的数字化，通过无线网络实现的电子通信新模式几乎还没有被描绘出来。[18]可以说，这些力量才刚刚开始通过城市结构发挥作用，而我们还没有时间来理解这些变化。

这些新技术的发展速度，覆盖在决定现代城市功能，甚至可能在短期内从根本上迅速改变城市的进程之上，也交织在这些进程之中。这意味着形式和功能之间的脱节可能是戏剧性的，世界从超指数增长到城市人口增长主要通过既有城市间的人口迁移完成的巨大转变，将在21世纪余下的时间里主导我们对城市的思考。以有序、同质的区域为基础，通过明确的交通路线连接起来的城市形象，则正在迅速融合成一个以异质性使用作为当今秩序的城市。物理网络的概念正通过从本质上不受位置限制的全球性通信传播。现在，我们所面临的挑战是理解未来城市可能采取何种形式，以及弄清楚我们还能否继续依赖过去一贯的方式来思考未来城市的形式与功能。

## 成长中的城市：网络与流

正如我们一直努力指出的那样，一个城市的形式必须被依次分解成不同层次。这一过程的关键特征之一是它的位置本质上是交互作用的产物：在任何位置发生的事情都是交互作用的总和或综合。不借助交互，我们就无法理解地理位置，这与数字信息和物理元素相融合的未来城市尤其相关。在这种情况下，网络和流至关重要。尽管网络是城市基本原理的基础，但在20世纪或更早的时间以来，人们关注的焦点主要是寻找不同活动所处区位的模式，如在标准模型中，人群的活动模式主要由径向路线和同心环定义。这仍然主导着当代的城市形态。对交互或网络而言，区位非常重要，这主要是因为从区位中更容易得出模式，并且因为（当然是工业革命之前的）城市中，定义交换角色的分配网络和支持这些网络的区位模式之间表现出了非常密切的联系。正如我所说，随着城市发展进入数字时代，这一切正在发生超出我们认知的变化。

因此，如今，如果我们把焦点放在区位上，得到的城市概念就是完全错误的。尽管大多数城市仍有将经济和社会活动捆绑在一起的明确的核心，但支撑这些核心的网络正变得越来越复杂、多样和分散。在一个全球化的世界中，我们再也不可能通过我们定义早期世界时所用的更简单的地方性方式来探索那些支持城市的网络的影响。例如，尽管世界城市仍然拥有非常强大的CBD，但这些核心区的活动量通常远低于城区中的其他区域。即使在像伦敦这样中心高度单一的城市，其大都会行政区拥有约400万个工作岗位，但其中只有一半的工作岗位位于广阔的中央商务区,另一半则散布在大都会的其他地方。如果再加上跨越大都会的物理交通量,然后考虑每天从全球各地通过该城市传送的大量电子信息,显然,仅仅根据城市的区位模式来尝试理解城市功能会对我们的理解带来巨大的局限。我们必须首先突破主要基于区位的理解。正如我们一直提醒读者的那样,这就是我们想要推进的方面及由此产生的挑战。

因此,城市区位将不再是——也可能从来都不是最重要的焦点:最重要的焦点是位置之间的相互作用,也就是说,涉及两个或更多位置。区位可以看作相互作用的集合:例如,在一个地点工作但住在其他地方的人群;在一个中心购物但住在其他地方的零售客户;从更偏远和更广阔的腹地交付到生产中心的商品集群等等。再加上电子信息传送所涉及的大量信息流,我们不难看出这样一个城市功能群有多么复杂,而区位本身甚至连这些系统如何工作所必需的理解都无法提供。[19]人和商品的流动代表着物质相互作用,往往比电子流更为明显,而电子流在空中传播,因而更不可见。随着各种流在全球范围内激增,城市的复杂性越来越强,对我们理解构成的挑战也越来越大。

图4.1至4.3所示的城市形态包含街道网络,这些街道网络与它们的土地利用紧密相连,其密度和城市大小受到移动技术的限制。在工业革命之前,人的移动仅能基于步行或各种形式的马拉车。村庄之间的距离往往不超过10公里,最大的城市(结构比今天的城市紧凑得多)人口从未超过几十万。内燃机的发明改变了这一切,到20世纪早期,为火车和汽车建造的非常明确的物理网络开始占据

城市的主导地位。这使得地理位置与交通工具分离，人们在地理位置以及参与活动和与社会团体互动的方式上有了更多的选择。最早的城市规划表现了基本的网络，但直到意大利文艺复兴时期，诸如达·芬奇这样的学者才开始思考城市中的网络相关的问题，他是最早将城市设想成类似于人体及其机体网络的学者之一。然而，达·芬奇的地图将网络嵌入街区，反之亦然。如图4.3（a）所示，他于1502年绘制的伊莫拉市地图就是体现中世纪和文艺复兴时期城市形态的一个很好的例子。事实上，当时许多理想化的城镇规划反映了移动网络与区位活动之间的紧密联系。这些联系隐含着程度相对较轻的相互作用，都包含有清晰划分的城市空间，通常位于城墙和相关的防御工事形成的边界之内。其中一些嵌入式网络在图4.3中也很明显。

随着工业革命的到来，能量流经城市并将其各部分结合在一起的想法拥有了巨大的动力。用于运输货物和人员的机器普及后，马上先后出现了铁路和道路的层级网络，而在20世纪，航空网络加强了新兴的全球通信层级。事实上，抽象街道网络的想法始于200多年前。而实证层面上，图4.5(a)展示的卡里于1790年绘制的伦敦"主干道"地图，就使人想到我们如今抽象道路网络的方式。如果把这张地图与上一章研究伦敦街区集群时所描述的收费公路区的集合做比较，你就会发现，形式追随功能的概念在很大程度上影响着我们对工业革命前城市的运作的想象。科尔（Kohl）于1840年提出城镇的理想化网络结构，如图4.5（b）所示，清晰地定义了树形（即分形）街道网络中层级的作用。米纳德（Minard）在19世纪50年代绘制的地图中，把与这些交互作用相关的流量分配给了实际网络，如

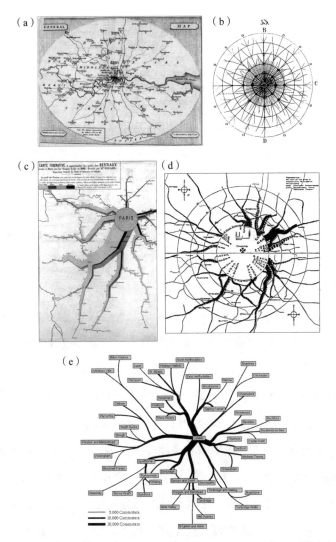

图4.5 最早的抽象城市网络:(a)卡里绘于1790年的伦敦主干道路(收费公路)地图;(b)科尔于1841年发表的理想化树状结构;(c)米纳德绘于1850年的交通流量图;(d)昂温于1909年绘制的交通流量图;(e)雷于2017年提出的伦敦地区通勤流量的抽象网络

图4.5（c）中所绘的巴黎。昂温（Unwin）则在1909年提出了一种铁路交通的典型流动示意图，如图4.5（d）所示。到20世纪中叶，这些可视化工具已被广泛应用于对城市中移动的可视化。图4.5（e）中显示了雷（Rae）最近提出的一种抽象方式，它展示了对于更广阔的伦敦区域而言，可以如何进一步简化这种流动。[20]

在整个19和20世纪，传递各种能量的网络主导着城市形式，物理通道成为城市景观的突出特征。一般来说，随着城市规模的扩大，这些系统从传统的城市中心以不同的规模向外辐射。与此同时，周边的环形公路开始出现，周边地区出现新的城市核心，而各种交通枢纽的交汇极大地提高了可达性。因此，在20世纪，城市形态从显著的单中心结构转变成以单一城镇增长而相互结合形成大都市群为基础的多中心结构。然后，在腹地人口需求可以轻易维持零售和商业活动快速发展的位置，出现了边缘城市。正是在这种背景下，正在显著改变我们对位置和交互的概念的电子网络出现了。

20世纪，人们普遍认为城市可以当作一台机器。但早在文艺复兴时期，达·芬奇就已经在城市和人体的血液流动、神经系统，或其他有机体之间建立了一些隐喻和类比。维克多·格伦（Victor Gruen）在《我们城市的核心》（*The Heart of Our Cities*）一书中强调了这样一种观点：城市可被看作一个向其各个部分输送能量的流动网络。[21]他进一步从"区位"的角度阐述了这一观念，他写道："我可以想象一个大城市是一个有机体，在这个有机体中，每个细胞都由细胞核和原生质组成，这些细胞结合成团，构成特定的器官，就像城镇一样。"他将昼夜循环的交通流动类比成血液流动，使人联想起心脏的搏动，但这种"脉搏"的呈现形式是早高峰与晚高峰。在下一章中探索"城市的脉搏"时，我们将把一些流动系统可视化，从而更好地理解城市的形式和功能在非常短的时间内是如何变化的。

因此，流是网络的补充。尽管传统上这种流很难测量，但随着世界变得越来越数字化，我们现在可以定期测量这种流，通常是实时测量，上文提到的这些交通"血流"图就是这样。在某种程度上，作为物理基础设施的网络更容易测量，而直到现在我们才有条件完整测量使用这种网络的物理流量。构建在拥有许多节点的网络上的非常复杂的系统把流动封装了起来，我们需要通过上文所述由米纳德和昂温首先描绘的那种分配方式将其可视化。然而，对区位的功能结构进行更好的描绘需要用到矢量流的概念，该概念直到19世纪末才由拉文施泰因（Ravenstein）首次提出，他当时是为了研究城市和区域的可视化。[22] 在图4.6中，我们根据不同尺度的两个地区范围内人们在小型人口普查单位之间的通勤路程来展示这种流动：其一是城镇等级相当明确的整个英格兰和威尔士地区，其二是城市的单中心偏向非常明显的伦敦大都会及其东南部。这里的向量基于人从家到工作地点的移动，并且长度与网络中每个节点到所有其他节点的平均流动距离成比例。每个向量的方向是所有从所述位置出发的方向的平均值。

形式由流构成的这一观点与科学本身一样历史悠久。柏拉图曾说过："一切都是流动的，没有什么是静止的。"而且，如前所述，达·芬奇设想了类似于人体结构中的流体流动的景观，他的绘画经常反映水的形态及其在景观中的湍流。[23] 当代人口稠密地区的景观不仅

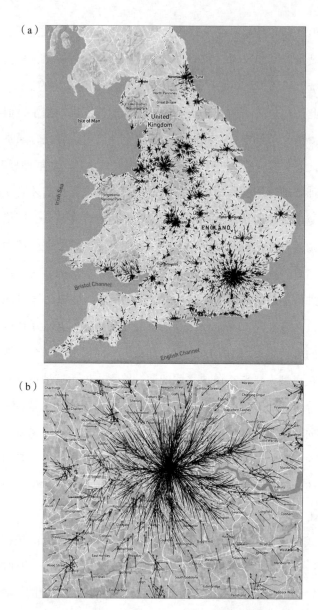

图4.6 从家流向工作地点的主要向量流：（a）英格兰和威尔士；（b）伦敦大都市区

反映物质流动，也反映了人类流动。探索将人类和物质运动编织在一起的整合模式，是一个特别有趣的角度。

这些想法并不新鲜。近一个世纪前，本顿·麦凯将区域景观定义为源自地质和气候变化的流动的综合体，通过这些变化，农业模式得以发展，然后受到人造结构的影响。在20世纪20年代出版的《新探索》（*The New Exploration*）一书中，他用一种我们即将详细讨论并应用的流模型，解释了从旧的城市景观到新的城市景观的演化过程。[24]这对于我们目前所关注的使用新的数字工具捕捉和模拟城市正在发生的事情而言，具有不可思议的先见之明。这些数字工具使我们得以使用在过去仅停留于想象中的方式来表达和可视化复杂性。

麦凯的发达城市景观模型假设了一个有边界的腹地或盆地，在他所谓的本土结构中，这一地区是流的起点。这种景观中特征性的流包括从水到人的一切，通常都集中在某个交汇点，一般是市场中心——CBD，所有的物理流都释放到这里。他称之为"流入"（inflow）。在几乎对称但相反的方式中，他将"流出"（outflow）定义为人和物质从市场向腹地的流动，麦凯认为，这两组可逆的流动在平衡时定义了一种可持续景观：一种循环流模式，反映了生产和消费。他接着指出，这种可持续性在当代城市系统中实际上被"逆流"（backflow）破坏了。当太多活动被吸引到交汇点，例如城市变得是如此之大，以至于它们的集聚经济消失，开始形成规模不经济，这种"逆流"就会出现。[事实上，在这样一种景观的演变过程中，麦凯还谈到了第二波流入——"回流"（reflow）。]

从本质上讲，麦凯的模型将任何景观都视作这些流动模式的协同进化和缠绕的复杂结果。随着我们对区位本身的关注减少，加之网络已经成为构建城市形态的关键组织概念，这种流出和流入、逆流和回流正在迅速成为讨论当代空间组织的新词汇。图4.7显示了麦凯对波士顿这一城市中各种流的描绘，它基于扩张中的大都市的新兴蔓延。许多这样的图片反映了城市中集中和分散的力量和流动，但利用现在各种被动和主动的数字设备，我们如今可以以前所未有的精度常规归档和测量它们的数字记录。我们将在下一章中展示其中几个。

尽管近一个世纪以来，电信网络已在城市中占据重要地位，但迄今为止测量和可视化它们的案例数量却有限得出人意料。随着20

（a）　　　　　　　　　　（b）

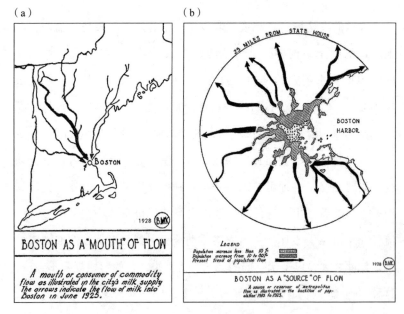

图4.7　1928年，本顿·麦凯所描绘的现代都市动力与流动情况：（a）流入；（b）流出

世纪 80 年代末电子邮件的出现以及 20 世纪 90 年代中期以来网络的出现，如今大量的数字网络支撑着城市和地区。雅虎旗下图片分享网站 Flickr 的即时动态、推特推文的位置地图、地铁和相关交通系统上基于智能卡的移动信息以及信用卡交易流都已可视化，用于显示城市活动的复杂性。但从社交媒体数据中提取网络极为困难：来自社交网络的交互作用只能通过推断来得到，因为大多数此类数据在任何情况下都没有地理标记。来自移动电话的数据则确实产生了网络流量数据，尽管通过虚拟介质传输的网络往往不可见，而就网络营销和销售、资本流动等而言，资金流动尤为难以观察。因此，这种可视化的例子很少，这就揭示了理解支撑城市功能的物质世界和信息世界是如何实际工作的过程中的一个主要问题。随着越来越多的信息技术开始主导我们在城市的生活方式，这个问题变得越来越严重，这同时也是城市形态和功能日益复杂的一部分。这些确实存在的电子痕迹的可视化与将城市作为物理网络和流动而得到的看法相比，并没有体现出什么不同。[25] 但迄今为止，所观察到的案例相对较少，而且与电子和信息流的波动性相比，城市的大部分实体存量长期存在且少有变化，因此我们尚不知晓随着在 21 世纪，受到新技术的影响，城市会在空间上急剧扩张，还是会变得更稠密、更集中、更紧凑。

## 城市转型与质变

我们都认同城市会随着发展而蜕变的观点。它们的形状改变的方式，也在影响着我们的移动以及与其他人互动的方方面面。例如，在大城市中，我们往往倾向于走得更快，并且倾向于使用不同的交通方式，因为大城市中拥堵现象更为严重。在不同规模的城市中，由于需求模式不同，我们能够使用的设施种类的多样性也大为不同。有许多方法可用来描绘物体在成长过程中的形状变化：在生物学中，解释这种变化的形式化方法称为异速生长（allometry）。异速生长是一种相对生长，它定义了物体在各个维度上尺度变化的差异。在各个维度上的尺度变化速率相同的生长通常称为等速生长，高于比例的生长称为正向异速生长，低于比例的生长称为负向异速生长。

20世纪初，英国生物学家达西·温特沃思·汤普森（D'Arcy Wentworth Thompson）率先将这些观点重新引入科学界。但事实上，这些相似性概念可以追溯到伽利略、达·芬奇和其他几位文艺复兴时期的学者。而在两次世界大战期间，新一代的进化论者，如霍尔丹（Haldane）和赫胥黎（Huxley）也使用这些概念。[26]然而，汤普森的方法对城市形态方面的研究有很大的启示，因为他的讨论集中在动植物种群在生长过程中改变它们的欧几里得形状的方式上。他引入了这样一个概念——形态可以被确定为一个决定不同方向上变化的"受力分析图"，产生一系列轨迹，显示物体变大（或偶尔变小）时形状的改变。汤普森在具有开创性的著作《生长和形态》（*On Growth and Form*）中介绍了很多鱼类、植物、哺乳动物等生物在从一个种群到另一个种群的过程中改变形状的例子。[27]尽管过去50年来许多研究城市的学者都非常了解他的研究成果，但我们应当注意到，似乎没有任何采用这种自然界的变化方式来描述城市如何随着规模扩大而变化的例子。人们可以想象一个村庄如何转变成一个集镇，变成一个中等规模的城市，然后变成一个大都市，但是似乎不存在描述这类过程的例子。这可能是因为我们没有关于任一地方城镇历史发展的良好记录，而且我们能够得到的数据常常时间跨度过短从而无法推断出这种几何变化。或者，这也可能是因为我们最近才获得能够将城市增长中的这种变化可视化的计算资源。

尽管如此，汤普森的工作仍然非常重要。他将形态学描述为"不仅是对物质事物的研究"，而且"具有动力学的视角，以力的方式解释能量的运作"。[28]这引入了网络的概念，虽然汤普森并没有真正涉及这种模式，但它们隐含在他对增长和形态的处理中。当然，当我们谈到城市的物理变化时，网络是必不可少的。值得一提的是，在汤普森著作出版的前几年，他在邓迪大学同系的朋友和同事帕特里克·格迪斯在《进化中的城市》（*Cities in Evolution*）一书中已阐明了关于城市大小和形状的各种物理概念。虽然他们的两本书都已经并将继续对我们这些研究城市科学、哲学和规划的人产生巨大影响，而且两人都对纯粹的达尔文主义持某种怀疑态度，两人工作地点也很接近，且都与生物学主流保持着一定距离，生活方式也都有些特立独行，但他们关于城市和形态的观点却不相同——尽管他们两人都使用了相似的生物学例子来阐释自己的空间生长原理。1915年，格迪斯说："伦敦这种章鱼，更确切地说是水螅，极为奇怪，它是一种以非常不规则的方式生长的东西，在世界上没有哪种生物可与之相比，也许蔓延生长的大珊瑚礁与之最为相像。"而汤普森在谈到晶体结构的突现时说："它从独立的小颗粒开始出现……其形态与有机体形态几乎无关，最终形成珊瑚的巨大骨架。"[29]

关于在城市规模不断扩大和变化的过程中，城市的各种性质和属性会发生什么变化，我们了解得尚不详细，但有了一些初步进展。这是一门正在形成的科学，它要求我们推导出能与定性变化相联系的定量和统计变化。杰弗里·韦斯特（Geoffrey West）围绕规模概念，用通俗的术语阐释了这门学科的基础知识，将其与异速生长相联系。[30]马克·巴泰勒米（Marc Barthelemy）开始用物理学观点来衡量这种变化，把关于城市大小的概念与城市的形状和移动模式联系起来，并将这些概念与我们在本书前两章中介绍的观点相联系。[31]其中，最好描述的现象之一是随着城市规模的扩大，城市越来越密集。密度可以衡量居住在该土地上的人口对土地的使用强度，通常定义为人口数量除以该人口所占据的土地面积。许多资料表明，在历史城市和当代城市中，密度会随着城市面积的增大而增加，但增加的速度在下降。[32]反过来说，单位人口占有的土地面积（人均土地面积）随着人口增长而变小，表明其他用途的土地——如交通用地（街道等）的人均可使用面积可能也会减少。事实上，这一点已在许多研究中被证实，尤其是路易斯·贝当古（Luis Bettencourt）及同事所做的那些研究，他们指出，随着城市人口规模的扩大，涉及公路、铁路和公用事业线路的多种物理设施的使用变得更加密集了。[33]

所有这些都意味着，随着城市规模的扩大，交通及其网络在形式上趋于变化。众所周知，过去由于既有交通技术的限制，城市发展无法突破上限（对于古罗马来说，这个上限大约为100万人），而在今天人口低于二三百万的城市，地铁和地面通勤铁路的公共交通很少得到发展。城市人口需要达到一个阈值，才能使资源投入此类交通，在这个临界点，城市本身的物理结构会产生不同程度的拥堵，需要大规模轨道交通系统来解决。地铁站数量与人口规模之间有轻微的相关性[34]，但就人口密度而言，历史和文化因素与之更为相关。不同的人群似乎以不同的方式适应不同程度的密度和拥挤，而这些因素扭曲了标准的异速关系。随着城市规模的扩大，就交通方面而言，人们更难追踪到城市形状的变化，但毫无疑问，城市内部的人口密度也有变化。20世纪，在许多西方城市，随着居住人口向郊区转移，CBD的人口密度已经下降，但到最近20年，有一些证据表明，这种趋势正在终结，一些人口重新回到大城市的中心地带。不过，这个证据并不是决定性的。对于随着城市发展而发生的密度变化，我们能说的最多是，大体上看整体密度在增加，但这必然受到与汽车拥有情况、汽油成本、不同类型住房的成本、地方法规以及一系列不易用城市规模来概括的文化和经济因素的影响。

不过，最重要的质变与繁荣程度有关。一般来说，尽管存在邓巴数的限制[35]，但随着城市的发展，潜在互动量仍以超过正比的速度增长。虽然我们可联系的人数、可能管理的朋友数量、相关联的同事数量都存在上限，但可供选择的潜在人数随着城市人口的平方增加而增加。这意味着大城市的人口有更多机会找到合适的位置，反过来这似乎也带来了更大的繁荣。简而言之，这些都是规模经济或聚集经济，这就是我们聚集在一起，通过"汇集我们的劳动力"来集中城市活动的基本原理，马歇尔在19世纪末首次引起我们注意的观点表达的也是这个意思。贝当古和他的同事已经相当确凿地证明，在美国，随着城市规模的扩大，人均收入随着人口的增长呈超正比增长。[36]他们将这些结果推广到世界其他地区，研究表明一个城市的人口每翻一番，收入通常会增加10%。从表面上看，这为选择在更大的城市生活提供了有力论据，但这种选择事实上受制于许多条件，尤其是许多关于城市生活质量的调查都表明，在小城市生活的质量最高。

我们必须阐明这些条件，因为随着城市的扩大，它们揭示了其他显著的定性变化，所以很重要。上文引用的这些结果的基本问题与城市的构成有关，这一问题在前几章中已经提出，第3章则对之进行了详细讨论。虽然在本书中，我们从城市物质形态的角度来探讨城市，但至少最初，我们认为，在向数字世界迈进的过程中，城市的物理边界正被迅速侵蚀，在数字世界里，有许多（乃至大多数）活动是由在一定程度上无固定位置的通信告知的。位置正在失去它的力量，而交互变得越来越重要。不过，我们依然需要有边界的系统来作为测量城市的基础，因此，斯特–贝当古的结论有多可靠，取决于对城市的定义有多好。但不管定义如何，我们都知道，城市越大，对世界经济和世界其他城市的开放程度就越高。例如，就人均收入而言，伦敦是一个非常富裕的城市。那里的人均收入比英国的人均收入高出50%，而伦敦金融区的人均收入至少是英国全国人均水平的两倍。但这一平均数中的很大一部分来自世界其他地方，而非城市本身或其腹地。伦敦的国内生产总值约占英国的22%，而它的人口仅占全国人口的13%。对这一城市的定义仍然不明确，但我们知道伦敦与世界其他地区之间的许多联系都建立在非常特殊的政治关系之上，其中一些基于历史，一些基于伦敦作为首都的角色，一些基于经济应对监管的方式等等。简而言之，我们不可能用这些术语将伦敦与其他经济繁荣程度相当的城市进行直接的比较。确定城市边界的局限性也与密度、拥挤程度、创意产业、创新活动等其他方面有关。

其他方面也是存在问题的。随着城市的扩大，城市变得越来越富有，但它们的贫困程度也在增加。虽然这方面的数据不多，但看起来，随着城市规模的扩大，城市内部收入分配不均的不平等情况越来越突出；简言之，在人均收入增长随着人口增长而超正比增长的同时，人均贫困（即收入不足）也是如此。这意味着，尽管随着城市的扩大，收入越来越高的人口数量在增加，但贫困人口的数量却增长得更快，只是收入的增长超过了贫困人口的增加，因此人均收入仍在增加。增加的收入掩盖了贫困的增加。在某种程度上，随着城市规模的扩大，人均犯罪率的超正比上升也属于类似现象。

在涉及这种异速增长时，也存在一些违反直觉的结果。阿尔考特和她的同事已经清楚地表明，在英国，人均收入并不随城市规模的增加而增加，伦敦只是一个显著的异常值。[37]我们可以推测这是文化因素造成的，但也可能与地区政策有关：大量资本从伦敦转移到不列颠的北部等地区，而大量税收又转移回首都伦敦。这显然受到伦敦在英国国民经济中高度集中的地位的影响，而且很可能只能从以下事实来解释，即英国现在或许整体形成了一个不能按传统方式细分的大城市。原本独立分布的城市不断增长，形成了多中心城市形态，这种多中心形态扭曲了异速增长，因为我们不可能期望将它

们之间的关系简单地融合在一起之后，还能以任何方式保持城市原
有的规模分布。简而言之，我们在英国和伦敦观察到的很可能是未
来城市的发展模式：在一个无法把城市与城市分离开的全球城市世
界中，每个人都相互联系，生产和消费不再受制于人们决定居住和
工作的地点发生的事情。

## 最理想的城市：创造城市未来

　　20世纪，人们所设想的大多数理想城市规模不一，这些规模可
以相当小——如柏拉图的理想国，或者相当大——如那些钟情大规
模巨构（megastructure）的建筑师所提出的结构。最大城市规模的倡
导者是勒·柯布西耶，他在《明日之城》（*The City of Tomorrow*）的
规划中提出300万是理想的人口规模，这些人口通过60层高的核心
塔楼区组织起来，这些塔楼有规律地分布在宽阔的公用场地中，周
围环绕着约6层高的住宅区。[38] 1929年，这一虚构的提议中的城市人
口与当时既有的规模最大的城市人口（当时纽约有800万人口，伦敦
有700万人口）数量级相当。有人认为，如果当时的城市更大（比如
今天珠江三角洲的香港和广州沿线地区，人口规模已超过4 600万），
勒·柯布西耶构想的城市还会更大。大约50年后，丹齐克（Dantzig）
和萨蒂（Saaty）于1973年提出了一个更为紧凑，但同样是虚构的规
划，在水平方向上压缩活动，同时在竖直方向上适当拓展活动。他
们设计的紧凑型城市可容纳大约25万人，然后可以以模块化的方式
发展到最多200万人。他们用当时最新的技术，从几何学方面发展了

他们的论点，就像柏拉图论证了 5 040 人是最佳城镇规模一样。相比之下，埃比尼泽·霍华德（Ebenezer Howard）则提出了一种理想的花园城市，拥有大约 3 万人口，这成为 20 世纪中叶英国新城镇的典范。[39]

值得注意的是，花园城市和新城镇在很大程度上是英国的一种现象，几乎是 19 世纪末引入的理想城市的缩影，被用以解决由非常迅速的工业化和城市发展所导致的贫民窟住房问题。霍华德是第一批提出在工业母城的腹地建设低密度新城镇，以缓解交通拥挤，并在一定程度上将"田园风光"带回城镇的人之一。我们将在后面的章节中简要地回顾这些想法，特别是第 8 章将展示最近以同一观点进行概念化的理想城市的案例。

为完善这些案例，20 世纪早期的另一位伟大的建筑师弗兰克·劳埃德·赖特在 1932 年提出了一个低密度的蔓延结构，叫作广亩城市（Broadacre City），其中 4 平方英里①的面积大约能容纳 20 000 人。临终前，他勾画了一座一英里高的摩天大楼——"伊利诺伊"，可容纳 25 000 多人。[40]然而，广亩城市和伊利诺伊这些提案，只有在自上而下实行强有力的中央控制的情况下才可能实现。事实上，除了纯粹的视觉效果外，这些结构大多从来没有人计算过。有人怀疑，由于局部交通拥挤加之建筑无法满足居民的生活需求，大多数建筑将无法正常运行，但由于它们从未真正开发建造，我们也只能对此进行猜测。这些理想化提案实际上是形式如何遵循最简单的功能，以及

---

① 1 平方英里≈2.59 平方公里。——编者注

在单一思想主导下能产生什么样的结构的极端案例。事实上，这些观点在很大程度上说明了这样一个事实，即极端的密度会产生极端的形式，这种形式在二维和三维上都非常庞大，或者形成亚历山大在他的文章《城市并非树形》中所批评的那种简单的等级结构[41]。图4.8展示了这些提案，其中对审美原则的关注点非常明确（或许紧凑型城市除外）。我们的观点是，这些提案仅仅是在多种想法中展示了一种愿景。它们是关于未来的"思想实验"，不过它们确实引起了人们从侧面思考未来的兴趣，这可谓是非常好的影响。但它们与任何可能被建造的事物几乎没有相似之处，尽管我们可以肯定，未来仍会有人提出这样的构想，而未来则可能总是与这些理想主义者的设想截然不同。在本书的剩余部分，我们将详尽阐述不同的非主流概念，其中许多不需要用城市本身的物质属性来解释，有的甚至都不需要借助地图和模型来进行可视化。

与此形成鲜明对比的是，另一场主要受经济学家启发的运动在试图从理论和实证两方面，根据不同规模的城市所获得的货币收益来定义最理想的城市。这种方法在20世纪70年代开始流行，当时威廉·阿隆索（William Alonso）发表了《城市规模经济学》（*The Economics of Urban Size*），文章假设，随着城市的发展，城市中的区位成本可以与所获效益进行比较，这一差异可被视作其最优性或性能的指标。[42]因此，在假设这一差异为积极作用的情况下，收益和成本的差异可用于定义最优值。简单的论证是，随着城市规模的扩大，定义其成本和效益的函数会呈现不同的曲线样式——成本遵循U形曲线，而效益将线性增加。因此，当总效益超过总成本且差值达到

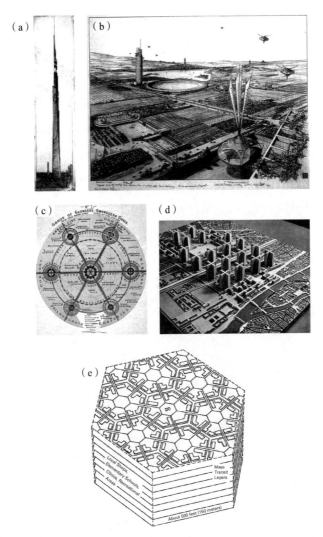

图4.8 明天的城市：（a）弗兰克·劳埃德·赖特1957年提出的高达1英里的伊利诺伊大厦；（b）弗兰克·劳埃德·赖特1932年提出的广亩城市；（c）埃比尼泽·霍华德1898年提出的明日的花园城市；（d）勒·柯布西耶1923年提出的光辉城市；（e）丹齐格和萨蒂1973年提出的紧凑城市

最大值，或边际成本等于边际效益时，即可定义最佳点。用典型的经济学术语可以定义这些最优值的许多变异。一些经济学家已对这种方式进行了实证研究，尽管约25万个城市似乎比那些更小或更大的城市产生了更高的效益成本比，但证据并不明确。在类似但更具理论性的传统中，在20世纪六七十年代新的"城市经济学"的鼎盛时期，曾几度有人试图将福利函数添加到标准单中心模型中。这些扩展可能会产生一些结构布局，由此可推得城镇的最佳人口规模，但这同样再次表明，情况在很大程度上取决于当地条件。尽管有过一些有趣的尝试，但我们仍然很难得出关于最佳规模的结论性成果。[43]

第 5 章

# 城市脉搏

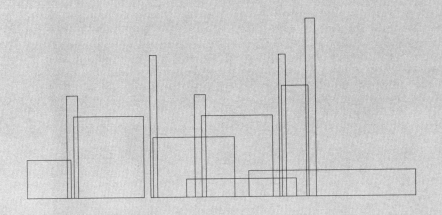

如果你告诉我哺乳动物的体型大小，我可以告诉你关于它的生理和生命历程的一切信息中的85%，比如它将活多久、它将会有多少后代、它主动脉的长度、它需要多长时间能成熟、它的第九血管分支的脉搏次数是多少。

——杰弗里·韦斯特

《规模：复杂世界的简单法则》

让我们看看杰弗里·韦斯特的言论是否正确。老鼠的心脏以每分钟650次的频率跳动，其平均寿命大约是3年。因此，它的寿命为10亿多一点点（10.25亿）次心跳的时间，这个数字是生物学家确认的适用于大多数哺乳动物的"定律"。如果将该定律应用于一头心跳慢得多——大约每秒30次的大象身上，那么它的平均寿命可以用10.25亿次除以每秒30次来预测，即65年。这一结果的确八九不离十。我想读者会觉得"这还不错"，韦斯特也继续描述了该定律和我们生理学的许多其他特征如何适用于更多物种。事实上，人类在某种程度上打破了该"定律"，因为该定律似乎只适用于工业革命前的人类平均寿命，当时的人类预期寿命不超过30岁。[1]巨大的变革极大地延长了我们的寿命，正如第1章和第2章中所暗示的那样，我们正处在新一轮变化的起始点，不久的未来，医学的进步将进一步加速人均寿命的提高。很高兴我们能拥有一个威力类似于韦斯特生理机能理论的城市理论，尽管韦斯特理论中的大部分确实能与城市的形式和功能产生共鸣，但城市比动物世界中的系统复杂得多。我们将在本章中读到，无论从短期还是长期来看，城市的运行方式都有深层和一致的规律，但没有像我们在生物世界中发现的那些本质上保守的特性。事实上，虽然在所有动物的一生中心脏跳动的次数大致相仿，城市的心跳却并非如此。

在上一章中，我们已经证明（尽管只是间接证明）城市是异速生长的这一观点，即城市产生或吸引的资源规模要么大于，要么小于城市规模增长的比例。事实上，尽管动物生理学的铁律不适用于城市这样的人造结构，但异速生长确实提供了一个极好的类比，使我们能够测量出实际情况与这些定律之间的偏差。[2]随着城市规模的扩大，规模经济产生日益增长的平均收入，这表明某些过程正在加强，而最接近脉搏概念的是我们走路的速度。在大城市里，我们走路的速度似乎更快，这在多年前就已被报道过了。早在1976年，马克·博恩斯坦（Marc Bornstein）和海伦·博恩斯坦（Helen Bornstein）就提出了一些相当确凿的证据，证明我们在大城市里比在小城市里走得快。研究数据显示，在纽约布鲁克林这样的地方，人们行走的速度为1.5米每秒，是他们调查的希腊小村庄的两倍。[3]近期，J. D.沃姆斯利（J. D. Walmsley）和G. J. 刘易斯（G. J. Lewis）称，在伦敦，人们的步行速度每秒可高达1.68米。[4]1970年，斯坦利·米尔格拉姆（我们在第3章中提及过他，介绍了他关于"小世界"的研究）对城市生活节奏做了更全面的总结，描述了人们在大城市里进行各种活动的速度都更快的现象。[5]随着城市规模的增大，交通拥堵的加剧似乎是一个必然的结果。使用谷歌的驾驶速度和路径选择算法，可以得到在人口约850万的纽约市，平均时速为25公里，而在人口仅为约48万的堪萨斯城的都市区，平均时速则达65公里。如果我们研究一下城市中心的速度，有诸多逸事表明，在类似伦敦CBD这样的地方，走路通常比开车更快，因为市中心的车辆时速徘徊在10公里或更低。而在最大和最古老的城市，这些速度似乎已稳定保持了几百年。[6]

定义城市的脉搏是一个棘手的问题。这个词经常被随意使用，而且将个体反应汇总起来，取平均值以比较不同水平的活动也是很困难的。这在很大程度上取决于无法量化的文化因素，以及城市在娱乐和零售等活动方面的历史演变。例如，我们很难将拉斯维加斯和旧金山进行比较，一个是24小时的赌城，另一个是据报道称平均睡眠时长低于美国其他任何城市的城市。这两个城市里的人们白天和晚上的活动是如此不同，以至于对这些活动进行比较注定徒劳。[7]

然而，在我们探索定义城市的不同脉搏，并推测新的数字世界会如何产生更多有关城市运作方式的数据和信息之前，我们需要反思我们看待城市的方式，看看它们是如何随时间变化的。从上一章中我们可以清楚地看到，传统意义上我们似乎在很大程度上认为城市是永恒的，也就是说它会在某个时刻被永远冻结。虽然城市规划的确涉及未来的城市：至少一个世纪以来，规划者惯用的总体规划都假定了一个在某个时间点将会达到的未确定的、暂时的未来，但这不可避免地只是一种方便起见的虚构手法，用以提供一个目标集聚点。不过，我们还不清楚在第4章中作为例证的城市形态是如何汇聚在一起，从而真正演变成可被辨别的结构的，也不清楚导致这些形态的关键发展过程在未来将如何发展。过去的猜测仅仅局限于城市如何通过第2章中探索长期未来的方式在漫长的历史时期中演变的。这并非无关紧要，甚至具有重要的价值，但它并没有提供必要的依据来帮助我们理解城市在几十年和几代人的时段中的演变。简而言之，在大多数关于城市形态和功能的研究中，城市动力学很少得到关注。

我们对城市如何在较短的时间（比如24小时的昼夜循环）内运转的思考并不新鲜——它们至少可以追溯到F. S. 蔡平（F. S. Chapin）和P. H. 斯图尔特（P. H. Stewart）1953年的文章《昼夜的人口密度》（Population Densities Around the Clock）。然而，直到最近，我们在理解这些周期方面还是几乎无能为力。[8]理查德·迈耶（Richard Meier）在很久以前进行了一项大胆尝试，试图从通信理论的角度探讨社会生活，并以此为基础构建一个城市结构理论。[9]但直到数字世界到来，各种传感器令我们得以时刻追踪正在发生的事情，一种全新的思考城市的方式才出现。迄今为止，我们对城市的关注主要集中于与空间相关的密度，而不是与时间相关的强度。但这种情况正在迅速变化，在某些方面，本章（用了"脉搏"这样一个相当笼统的标题），则通过在时间上思考城市来重新达成这种平衡，这是理解城市动态的关键。在过去，我们关注的是处于平衡状态的城市，尽管有人试图研究诸如灾难、混乱和与城市不连续性相关的奇点之类的突然变化，但是这些变化仍然属于长时间尺度的变化，而非短时间内的变化。虽然第1章和第2章提到的复杂性理论确实改变了人们对平衡的重视，令人们转而认为城市在短期内永远处于不平衡状态，在长期内总是远离平衡，但关注焦点仍然是几十年或更长时间内的变化。[10]

当然，有人试图研究与城市相关的经济周期，从诸如康德拉季耶夫周期（Kondratieff cycle）之类的长周期到各种类型的贸易周期，我们将在后面的章节中讨论其中的部分周期。但这些周期从未与空间变化真正联系在一起。研究关注转向极短周期是最近的现象，这种现象在很大程度上源于在非常精细的空间尺度上以秒为单位收集的数据，这不可避免地来源于仅在过去10年中才出现的新一代传感器和计算机的使用。因此，本章的重点是探索使用这些新数据和动力学能进行何种研究的可能性。

## 时间周期、流与流量

在研究城市中的个体和群体如何在时间维度上发挥作用时，我们可以将他们的日程安排与活动分为嵌套的周期，这些周期定义了他们在不同聚合程度上的行为。在某种程度上，从开头两章描述技术变化的长周期和循环，到上一章中更详细地说明城市的形式和功能如何改变，前几章已逐渐侧重于越来越细致的行为类型。数代人（几十年）间的经济周期决定了经济状况和新技术的发展，在这些过程中，发展过程决定了土地利用、交通及经济活动会如何随着城市年复一年的发展而改变区位。不过，将我们的显微镜聚焦在最精细的时间间隔上，我们就可以揭示代表城市行为特征的精确脉搏、流和流量，其中的关键周期是一昼夜（主要基于我们的身体机能与昼夜的相关性），并确定我们工作和娱乐的方式。机动性是这些过程的核心，在将这些移动与位置联系起来的过程中，网络的概念再次占据了显著地位。

我们还可以在更具聚合性的层面描述关键周期，例如季节变化及其对行为的影响。这对特定事件发生的时间和地点来说非常重要，因为城市中的许多活动都以年为单位进行组织，尤其是教育活动。事实上，尽管工作、娱乐、教育等方面尤其存在昼夜节律和季节节律，但这些周期中却充斥着明显的一次性和重复性活动，这些活动对城市的运行和组织方式至关重要，尤其是在体育和娱乐方面。许多流可以按照非常详细的时间尺度进行记录，精确到每秒或至少每分钟，而这些流又几乎可被离散事件所打断。因此，流的频率是理解这种变化的关键，在本章中，我们将描述一系列定义当代城市的案例。然而，我们的追求远超于此，本章还将说明如何将所有这些联系在一起，从而对城市如何演变产生更深刻的理解。虽然我们的重点是极短的时间周期，但如果能在更长的时间段内记录足够多的事件和流，短期就会变成长期。因此，从短期来看，我们应该能够在更长的时间范围内观察城市表现出来的长期趋势。这是我们面对的挑战，即将小规模变化与长期变化、短期功能与城市形态演变联系起来。

定义我们当前对城市要素之间相互关系的理解的流几乎完全是物质的，并与移动相关，例如通勤，或其他诸如零售、商业活动、教育、保健、休闲等活动。此外，经济活动中的移动，如通过多个不同网络来运输货物和商品，以及个人参与商业活动时进行的移动，定义了用于交换的市场的层级结构。反过来，我们也可将这一系列的移动视为决定商品的供需关系、反映价格的决定机制以及最终在经济中产生财富的方式。因此，一些学者最近提出了将网络作为现代城市经济基础的想法。[11]移动在每一天、每一个季节中，彼此不相关联地发生。但在这些模式之上，土地利用、个人和家庭、企业，以及包括公共部门的行政机构的许多活动，都会因为与经济限制或机遇有关的多种原因而移动和迁移。虽然这些移动在更长的时间尺度中聚合时会产生迁移模式，但实际上每次移动都由在特定的时间点发生的单个动作组成，当然其中一些过程本身则在较长的时间段内完成。传统上，对经济运行至关重要的信息总与某种形式的物质有关：在工业革命之前，大多数信息都需要面对面联系，或通过当时的技术——例如马和马车、骑马的通信员来传递信件，或像在拿破仑战争中使用的复杂人工信号那样实现。

工业革命一开始，新的技术就迅速被发明出来，使构成城市的所有元素以及基于这些技术产生的创新改变了交流和移动的基础。第一次工业革命中的内燃机和第二次工业革命中的电动机持续主导着我们在城市中的移动方式。但我们如今所处的时代，是书面信息流——也就是数据方面变革的开端。在古典时代，要在超过一英里的距离上传递任何重要对话，最迅速的方式是通过马背上的信使，而篝火和烟雾信号则是自史前就存在的传递少量信息的古老方式。工业革命早期，人们使用信号机等逻辑信号系统，而到了19世纪中叶，人们又发明了电报和莫尔斯电码，电话紧随其后，这些新的通信方式打开了一个新世界，标志着第一场"距离之死"。它们与铁路一起改变了世界。

正如我们在前几章中指出的，如果这些技术没有发挥作用，城市规模就不会增长；当然，这些技术也改变了全球贸易的基础。我们认为，旧世界和新世界之间真正的分水岭始于第一次工业革命，原因之一在于物质技术和通信技术的发展，它们产生了正反馈。汤姆·斯坦迪奇（Tom Standage）把这个时代描述为"维多利亚时代的互联网"[12]，这反映了这样一个事实，即我们当前的数字时代仅仅是两个多世纪前开始的变化的延伸、深化和综合，从一个几乎没有任何城市的时代到所有人最终都住在城市里的时代，第一次工业革命对世界做出了划分。

在第2章中，我们已提及电视发明于20世纪20年代，但直到"二战"期间数字计算机发展起来，信息的交互式处理才真正被提上议程。（在后面的章节中，我们会讨论更多这方面的历史。）而直到20世纪90年代，计算机和电信的融合发展至顶峰，交互式计算才真正开始。此外，随着超文本的发明，远程计算成为现实，并且通过在互联网上的使用，计算机和通信对位置和交互的影响变得巨大。现在，哪怕两个固定位置之间没有交换任何物质产品，它们之间也可以产生多种形式的电子交互。所有这些都可能对我们在经济和社会互动方面的行为方式产生影响，但由于它们基本上不可见——至少乍看之下不可见，并且都在个体层面上进行，没有非常明显的来源将这些活动聚集起来，所以我们很难提取出它们对于城市地理位置和物理移动模式的意义。简而言之，正如我们将看到的，这些新的交换数据与信息的方式（它们产生了新的信息类型），确实会对我们如何定位、在何处定位，以及如何利用城市的传统功能（这些功能最终将被转化为物理形态）产生影响。

我们尤其需要对这种数字信息的范围进行定义。首要的是高速流动的电子邮件。全世界每天发送的电子邮件数量几乎无法估测，尽管其中包含大量垃圾邮件，根据2015年2月的一项保守估计，全世界的人们每天发送约2 000亿封电子邮件。谷歌每天的搜索量约为35亿次。对涉及互联网的许多媒体，我们都可以报出这样极端的数字。[13] 事实上，由于有如此多的媒体使用互联网和网页浏览器技术在网页上生成内容，每天的网页访问量并不是很有意义。将所有这些访问量分解到位置，或者更确切地说，分解到特定的城市层面，是很不确切的。尽管许多用于访问这些信息的设备都支持地理定位，它们的位置可以由地理定位卫星来确定，但由于许多用户不以任何方式启用位置信息共享服务，因此存在相当大的信息噪声。在不久的将来，这种情况也不太可能改变，虽然大多数互联网供应商确实捕获并存档了这些数据以供使用。这些电子数据大部分来自与经济有一定程度交叉的社交媒体，但主要是个人数据。当涉及与企业相关的数据和交互时，情况就更加混乱了，不过无论如何，现在这些数据的绝对数量是如此之大，以至于尽管事实上其中大部分数据在任何情况下都不可访问，我们依然没有关于如何理解所有这些数据的概要性方法。

过去，由于关于城市位置和交互的数据量很小，我们能够迅速汇总数据，轻松生成流量图、位置活动模式等。我们的理解受到可利用数据的限制，因此关于城市如何在形式和功能方面演变的理论，通常只局限于一个特定的时间截面上，以便于控制，在此基础上，我们试图使这种理论与观察结果相一致。而对于这个崭新的数字世界，上述上层理论建筑就不存在了。事实上，这样的理论可能需要一段时间才能出现，因为城市和社会发生变化的速度似乎比我们吸收新数据并通过传统甚至新的城市研究方式来理解它的速度快得多。[14]

此前，已经有人开发出了用不同的剖面表示时间和空间来研究城市的方法，这种被称为时空立方体的方法已流行多年。归功于黑格斯特兰德（Hägerstrand）在20世纪60年代的工作[15]，个体移动的剖面图得以以可视化的方式与日常活动相联系。这些剖面图具有丰富的描述性，但在将它们拼接在一起以生成与日常时间分配和移动模式相关的更聚合的行为关系方面，我们还没有太大进展。对城市形态和功能的更多微观模拟同样如此。最终，鉴于城市目前的复杂程度，我们不得不考虑这样的可能性，即永远不可能存在任何关于城市如何形成和运行的综合理论。我们可能注定属于一个只存在部分理论的世界，我们所有的理解都取决于我们在短时间内和特定时刻的观察所得。在某些意义上，情况已然如此。例如，以"标准模型"为基础的城市概念现在已经部分被新的行为形式和新的价值观所掩盖，这些新的行为形式和价值观在城市中的表达方式与我们过去的观点截然不同。

在《区块链、人工智能、数字货币：黑科技让生活更美好》①一书中，亚当·格林菲尔德（Adam Greenfield）以一个小插曲作为开始，描述了有多少截然不同的人在日常生活中访问社交媒体和使用各种传感器技术。[16]与之形成鲜明对比的是，在千禧年之交的世界

---

① 该书英文原书名为 *Radical Technologies*，中文版于2018年4月由电子工业出版社出版，此处沿用了中文版书名，非直译。——编者注

中，这种行为是根本不可能的，我们也无法接触到现在广泛使用的各种技术。这一领域的变化速度令人望而生畏。在距本文写作十余年前的 2007 年年中，苹果公司推出 iPhone 手机，这一设备是这种变化的先锋，据最新估计，正在被用户使用的智能手机数量超过 28 亿台，大约地球上每 3 个人就拥有一台。移动设备的数量如今已经超过了地球上的人口数量，普及率仍在非常快速地增长，并将趋于完全饱和——也就是说，未来十年内，很可能每个人都拥有这样的设备。

我们对城市的看法颇具戏剧性。在某些方面，迈耶在近 60 年前谈论城市时，就预见到了这一点，他认为城市是一个每个人都在"不断受到他人信息轰炸"的环境。[17] 但格林菲尔德通过对个人"平常的"一天所做事情的总结说明了城市的丰富性——一个人醒来后回复电子邮件，查看网站新闻，在推特上发布推文，刷卡进出公共交通系统，阅读电子书，获取工作所需的网络信息，下载和上传工作数据，使用信用卡或借记卡购买午餐等等。这些丰富的数字访问日常提供了位置和时间记录，在某种程度上有助于理解个体行为，这是量化自我的重要部分。[18] 正如我们所表明的，将这种行为扩展到整体时空的需求模式，并将一次性事件纳入其中是极为困难的，且少有人尝试。除此之外，政府和企业提供的城市设施供应模式也受到数字技术的控制，这些技术通常通过个人访问来实现管理，而在综合所有这些方法方面，还存在很大的困难。

在本章的剩余部分中，我们将讨论以下问题：首先是关于数据的问题，主要集中于交通和机动性方面，从常规传感器中可获取哪些可用数据，然后探索可从这些数据中提取的不同规模城市的流和网络。我们将提出社交媒体能告诉我们未来城市是怎样的问题（虽然远不能回答这一问题），猜测这一切在21世纪及以后对城市意味着什么，以此结束讨论。

## 感知城市与实时流

在过去的200年乃至更长时间里，人们普遍认为，缓解困扰城市的许多问题，以及提高城市居民的生活质量的首选方式，也可能是最不会干扰居民现有生活的方式，是从物理上改变城市的形态（以及功能）。为此，上一章所回顾的城市形态及城市规划的变化，通常聚焦于安排土地利用和交通的不同方式，这一直是主流方法。此外，我们假定，为了使城市形态的变化产生影响，规划的执行时间是多年和几十年的长时间段，而不是数周或数月，这与我们对城市运行方式的在长时间周期中的观察是相似的。尽管我们现有的数据为定期收集且频率很低（例如人口普查的数据是每10年收集一次），而且这种数据通常是从手动管理的问卷中直接收集，但我们仍可能认为这种观察是感知方式的一种。

感知的概念依赖于将真实的城市与我们对它的任何想法、实践和理论进行区分。这是那些思想、实践和理论的维护者所采用的范式，他们对真实的城市进行控制、管理和规划，同时一直在生成数据，然后将其转换成信息，以便更好地理解（从而进行控制）。自计算机问世以来，人们就已开始尝试对城市进行数字模拟，首先在粗略的空间尺度上建立位置和交互模型，最近则是在二维和三维空间中对城市的几何形状进行数字可视化；当然，数据本身已经几乎完全数字化。不同之处在于，在过去10年（当然还有20年）中，为了对城市进行规划和控制，以提高效率并产生更好的规划方案和更高的生活质量，计算机和传感器这些数字设备已被直接引入真实的城市中。这种嵌入城市物理结构中的设备产生了新的数据流，这些数据流通常以非常精细的时间间隔，按秒甚至更精细的时间粒度生成。它们是用于控制城市的数字机制的副产品，从这个意义上说，它们是一种"废气"。这些数据通常高度非结构化，因此需要采用特殊的技术来理解，同时又通常非常庞大，因此被称为"大数据"。

这种范式的改变涉及关注点的转变，即聚焦于与城市运行方式相关的更短时间间隔。在某些情况下，使用此类传感器自动收集的数据可用于实时管理，例如过去十年里在最大的城市中迅速发展的各种控制中心，尤其是在那些交通和应急服务需要持续监测和干预的大城市中，此类系统得以顺畅运作。这一新范式通常被称为"智慧城市"，但也有人使用过其他术语：信息城市、虚拟城市、数字城市、电子城市，甚至更早时候的有线城市。从本质上讲，这意味着一场巨变：关注点从长期到短期，从空间上的大范围到个体更精细的尺度，以及管理和控制从战略到日常。（不过，正如上文提到的，如果在足够长的时间段内收集足够多的数据，那么短期最终也会演变为长期。）这体现了计算机除了传统的用于模拟城市和交通，以便更好地规划之外的另一种用途。事实上，我们还可以使用从城市中产生数据并控制其功能的设备来理解城市，这是图灵对计算机是"通用机器"的洞察的又一力证。

我们可以把感知城市的方式分为三种体系。首先，我们可以引入传感器来监控我们可能以某种方式调节的建成环境和自然环境的性能。这是物理上的关注点，因为许多传感器被组织起来用于收集自然和人造系统的操作，除了定期维护以捕获生成的数据并确保传感器工作之外，不涉及任何人工干预。这些系统包括以模拟形式存在多年的感应线圈交通检测器，以及探索建筑物和家居自动化的新型能源监测器。相比之下，还有我们自己使用的设备，即社交传感器。我们的设备周围配置了全套社交媒体，使我们能够访问这一虚拟世界。简而言之，我们根据每个事件来决定何时使用它们。尽管社交和物理之间的界限可能会模糊，但如果我们对机器进行编程，使之在个体层面也能执行日常任务，那么区别显而易见。居于两者中间的就是我们以常规方式激活的传感器。当个体形成规模非常大的人群时，例如进入股市的人、使用交通运输系统的人，甚至是看电视的人，这些数据就很容易在实时流中看到，尽管事实上它由许多个体对象和人组成。对此类数据的另一种思考方式是区分它们是被动地收集还是主动地收集的，这两种方法之间的差异对于我们利用这些数据进行归纳的能力来说可能意义深远。

被动生成的关于人造和自然物体的数据通常会生成关于不同空间位置的信息。自动车辆的移动可被跟踪，我们自己主动生成的数据则更可能与网络流相关联，特别是我们的设备能够跟踪我们移动的方式。事实上，在本章中，我们不会聚焦于过去十年中产生的每一种可以提供关于城市活动在何时何地发生以及涉及特定个人信息的社交和物理媒体，我们会探讨社交媒体和智能卡激活的移动数据的示例——短信[①]，这些信息代表了社交和物理的混合。我们还将探讨与车辆（如地铁列车）有关的自动生成数据，在这些数据中，车辆本身或其操作者（而不是它们的用户）在逐事件模式中激活系统。

　　由于现在有如此多的数据以实时流的形式定期生成，而且这些数据的多样性相当广泛，并且有些特殊，因此出现了各种各样的试图以仪表板形式将多样化的数据汇集起来的门户网站。[19]这些门户网站深受城市当局的欢迎，他们希望即时了解多个数据流正在发生的情况，而因为现在存在许多可连接实时数据流或存档的数据接口，且时间延迟很短，所以这种门户网站很容易在粗略水平上构建。在图5.1（a）中，我们展示了一个非常简单的仪表板，它汇集了伦敦的实时流数据，而图5.1（b）是基于网络的伦敦全景，提供了在备受瞩目的地标周围，由朝向8个指南针方位上的摄像机拍摄的实时图像。当然，所有这些信息都属于公有领域，并且易于获取，但仪表板收集并以相对容易理解的形式显示了这些信息。只要观察这样的仪表板或门户网站超过几分钟，就可以注意到趋势。尽管人们正在迅速开发更有用的分析方式，但图5.1中的网站尚未使用这些智能方式。目前，这些措施所做的就是让人感受一下可以如何调动这些数据，以及如何将其用于短期、通常与危机管理相关的用途。因此，与那些更抽象、记录周期更不频繁的数据相比，这些仪表板和门户提供了城市的直观综合"状态"。[20]

　　现在有许多在线系统使我们能够从城市中实时提取数据。甚至

---

① 这里的短信泛指手机收到的各种信息，既包括狭义的短信，也包括发在各类社交媒体及通过即时通信软件收发的信息。——编者注

（a）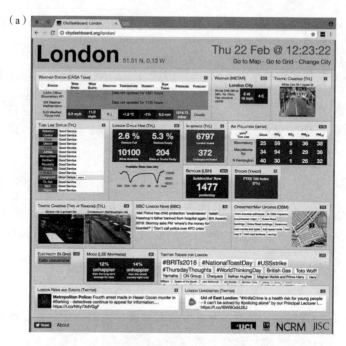

（b）

图5.1　将实时流数据：（a）组织到城市的数据仪表板中（图为http://www.citydashboard.org）；（b）组织到网络摄像机门户中（图为http://vis.oobrien.com/panopticon）

像谷歌地图和谷歌地球这样的地图应用界面也可以在不同层次上捕获可用于探索城市的数据。来自美国国家航空航天局（NASA）卫星传感器的夜光数据开始流行，虽然这并不是实时的，但它将很快支持各种实时应用。城市中几乎所有能被感知和数字化的事物现在都开始被处理，而这类实时流的变化速度如此之大，以至于我们探索未来城市的这一部分不可避免地是整本书中最不完整的部分。滔天的数据洪流甚至有淹没我们的危险。数字时代的一切都由最高级的词语主宰，而与数据相关的形容词尤其引人注目。目前的估计（来自 2016 年 12 月）表明："当下世界上 90% 的数据都是在过去两年中产生的"[21]——每天约生成 $2.5 \times 10^{18}$ 字节的数据！处理如此庞大的数据，即使仅在城市层面，也是巨大的挑战——保密性、原始数据结构缺乏、传感器中的噪声导致的数据丢失、个人社交媒体的多样化且常常不一致的属性跟踪，以及涉及诸如电子邮件和网络访问等重要数据一般不可见等都是存在的问题。在下一节中，我们将集中讨论以上所有问题，探讨主导城市数据结构的每日周期的典型案例。

## 交通节奏：基于在线数据的供需关系

城市的基本节奏是工作以谋生的人们有规律的、日复一日的活动，发达国家的城市中人们通常每周工作五天。工作大多从清晨开始，到傍晚结束，不过也存在深厚的文化差异。繁荣程度和不同社会背景相关的文化因素都会加强这种差异，进而影响这些模式。每个工作日（通常是周一到周五）在清晨有一个短暂的、更强烈的出行高峰，在中午稍有降低，形成一个低谷，然后在下午晚些时候到傍晚出现一个时间更长的高峰。在大城市里经常会有一个与娱乐场所有关的深夜高峰，这个高峰虽然小得多，但仍然很明显。周末则大为不同，没有早高峰或晚高峰，但通常接近中午交通流量会增加，随着夜晚降临再缓慢地降低。有时，周六晚上会出现一个高峰。季节性变化会在一定程度上扰乱这种模式，特别是学校假期开始和结束时。在年中的月份，通常是北半球的7月和8月，交通流量的变化通常与假期有关，这些假期会影响流量，而严酷（炎热或寒冷）的气候也可能改变每日交通流量变化情况。一次性活动，特别是与体育、音乐会和节日相关的活动，则以不同的形式出现，这些活动可以分解为不同的层次，这些层次区分了日常活动与不太规律的模式。事实上，常规活动也可以分为很多不同的层次。在某种意义上，高峰本身也是基于个人出行决定的一次性事件，但由于极度聚集而成为惯例，而定期的娱乐活动通常在不太频繁但连续的基础上组织，除此之外，不可避免地会有一些不可预测的事件，它们也必须被考虑在内。

如今，大城市的交通系统大多数已经开发出能实现自动支付的智能卡技术。这主要是因为交通系统往往运送着大量乘客，而自动化显然会加速这一过程。传感器令这些流量及其相关支付变得易于捕获，有时也用于实时控制，但总是以存档的形式进行，以便政策分析人员在事后能够更好地了解该系统，并为短期和中期制定恰当的控制策略。这些类型的系统通常通过接入传感器记录行程的开始，并通过接出传感器记录行程的结束，但还有各种更复杂的系统，允

许用户在固定的最大时间内以相同的价格采用多种模式出行。以这
种方式获取的乘客数据，揭示了交通供应（车辆本身的位置和行驶
方向）和需求之间的关系。图5.2（a）显示了2010年11月一个典型
的工作日，伦敦地铁的进出站总次数。图中可以清晰地看到两个峰
值，而刷卡进站和刷卡出站两条曲线之间有一个偏移（滞后），每个
峰值的上升和下降方式也有差异。图5.2（b）展示了270个地铁站的
日变化曲线，在更局部的层次上清晰反映了总行程的常规特征，说
明网络的运行方式及定义移动特征的流动具有非常重要的规则。[22]

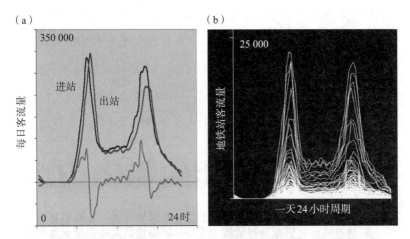

图5.2　伦敦地铁每日客流量：（a）每日总客流量；（b）各地铁站每日总客流量

这类数据清晰地反映了交通需求，但现在对于交通供应——列
车定位、列车离预定时间表的距离及与运行有关的任何问题等，也
已有在线且实时的常规数据。这些信息大部分用于列车延误或取消
时与乘客的沟通。供应数据是全自动的，通过列车运行收集。这就
是我们前面提到的物理结构的自动化数据，它不依赖任何人工输入

来激活或传输，这一点与智能卡乘客数据不同，智能卡的乘客数据是单独由用户生成的。事实上，这些车辆传感器绝不像用于乘客输入需求的传感器那样可靠，相关人员必须频繁地重置它们以确保其持续运行。简而言之，这些数据中的噪声更多。关于列车位置的数据可按轨道线路进行分类，图5.3以不同颜色显示了每条线路4个月间的周数据，并在每天的每个时刻进行累加统计。[23]这些数据反映出，乘客需求的峰谷分布在工作日大致相同。但从这些图片中，除了学校放假的几周列车总数明显减少（根据可预测的低需求）之外，很难区分出任何明显的季节性变化。事实上，就列车而言，供应状态的灵活性比客运需求数据要小得多，这仅仅在于需求是由个人决定的，而不同规模的列车不能随意细分，因此部署的灵活性要小得多。

这些模式适用于在时空中改变其功能的每一个系统或部门。因此，我们这里的所有例证都适用于从零售到社交媒体的各种与个人

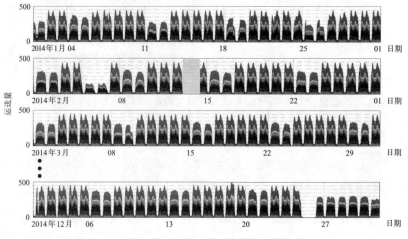

图5.3 伦敦地铁一年中不同月份的列车运送量

行为相关的实时的数据流。对于交通数据，我们可以研究位置是如何随时间而变化的——旅客与火车连接的枢纽或车站——以及位置之间的流量在白天是如何变化的。图 5.4（a）展示了伦敦市中心早高峰的进出站快照，而图 5.4（b）至 5.4（d）分别展示了早高峰、午低谷和晚高峰时，车站之间的流量。众所周知，城市是不断运动的流体系统，我们能用来传达城市动态的最佳描述方法，就是表现位置和流动的变化的动画。我们无法在书页上表现 24 小时内或更长时间段的变化，只能通过图 5.4（b）至 5.4（d）来呈现 3 个时间点的情

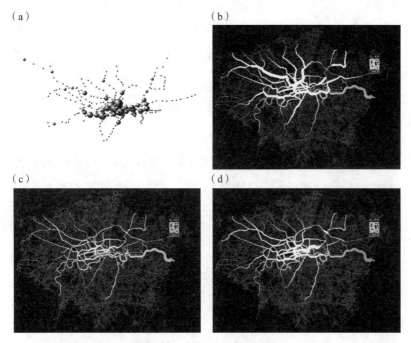

（a）

（b）

（c）

（d）

图 5.4　每日周期的位置和流量：（a）站点位置和总流量；（b）上午 8 点高峰时的流量；（c）中午时的流量；（d）晚高峰 6 点时的流量

况。而如果要包含更长的时间段的情况，可以看乔恩·里兹根据乘客需求的数字数据制作的、可在线访问的短片。[24]

　　还有一些有关其他城市的优秀可视化呈现，尤其是有关里斯本的可视化呈现，它们再次提醒我们，城市就像有机体，交通是它的生命力所在，交通在城市中的流动就像血液在人体中的流动[25]；事实上，我们能想象到的每一种流都以类似方式展示了许多过程，这些过程概括了我们的相互作用，令我们居住的城市能够以一种可行的，甚至是最佳的方式运行。当城市运转困难时，城市就会发生拥堵，流动会受到阻碍，即出现交通堵塞，以人体类比就是形成了血凝块。从这些角度来看，思考城市的意义非常明显：我们需要设计出不堵塞且能获得快速、高效流动的交通优势的城市。这是一种永远在变化的平衡。它涉及一系列复杂的模式，其多样性和波动性暗示这一系统在健康地运转，类似于定义身体功能的生理节奏。

　　当我们从区位的角度来研究这些模式时（在本例中是与地铁站相关的流量），我们可以非常详细地了解与不同地点相关的出行行为的显著异质性。图5.5（a）至（d）展示了伦敦4个地铁站每周工作日和周末两天的变化情况，很明显，工作日和周末的情况截然不同。这几张图展现的都是出站情况相对于基准流量的偏离，因此不能作为绝对值进行比较，但很清楚，每张图都呈现出早晚高峰的特征。如果你了解这几个地区，你就会知道图（a）和（b）对应的是娱乐活动，图（c）对应的是工作，图（d）对应的是体育——图（d）中的3个高峰与阿森纳队的足球比赛相关。[26]

　　将这些模式结合起来形成一个城市的综合视图，能帮助我们更

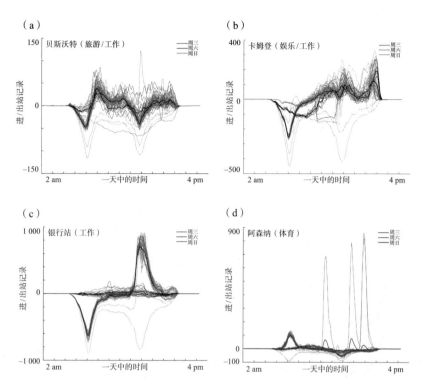

图 5.5　典型伦敦地铁站基于时间断面的数据：（a）贝斯沃特站；（b）卡姆登站；（c）银行站；（d）阿森纳站

好地理解城市，但这一过程中存在许多陷阱。例如，在我们介绍的例子中，我们已经有了关于乘客出行的需求和满足这一需求的列车供应的良好数据。但要真正理解交通运输系统的运行方式，我们还需要研究乘客和列车是如何连接的。如果我们对系统设备的故障和失灵感兴趣，那么我们就需要弄清楚如何将乘客连接到列车。地铁站的布局可能非常复杂，从入口到列车有多种方式。乘客建立这种联系的认知能力有所不同，但如果我们想得到一个详细而准确的场景，描述特定列车上乘客受到的干扰，我们需要能够观察到这一联系。事实上，在伦敦地铁里，对使用无线网络的乘客进行跟踪存在非常具体的限制，由于隐私问题，目前在没有特别防护措施的情况下，这种方式是禁止的。此外，对于跟踪的需求，该系统绝非万无一失，因为地铁站的栏杆或闸机门经常会保持敞开，而且一些在没有刷卡的情况下进入或退出的乘客并不会受到处罚，这就使得获取的精确数据被干扰的问题相当严重。在本书中，我们并不打算详细探讨这类大数据的细节，因为我们只想强调这在多大程度上改变了我们对城市——尤其是对未来城市中重要事物的看法。然而，尽管这场革命有可能促使我们对城市中的位置和交互产生新的理解，并为我们提供大量与行为有关的个人数据，但它也提出了许多需要解决的新问题。

## 作为社交媒体网络的城市

为了在不同尺度和不同时间段全面描述标志着城市节奏的各种"脉搏"，我们可能需要考虑将城市分类为不同活动。这将使我们得以整合这些活动的各种特征，以便我们看到它们之间是如何相互协调或产生冲突的。然而，我们目前还不可能进行这样的讨论，我们所能做的仅限于得出描述城市短期运作方式的各种概况片段，并表明这些方式将延伸到长期情况。在上一节中，大多数与交通相关的活动都涉及工作、学校教育和购物，但所有定义城市的活动都包含在这些描述中，这一点在图5.5中可以清晰看到。现在，我们可以获得与零售交易有关的大量信息，但这些信息大部分归专人所有，而且其空间和时间分布难以可视化，因为迄今为止很少有人尝试对这些数据进行整合。这些数据主要用于市场营销和确定新店铺的位置，目的则在于使经营者实现利润最大化。

不过，我们能够展示有关巴塞罗那一整年（2011年）的信用卡交易数据。卡洛·拉蒂（Carlo Ratti）和他的团队根据这些数据制作了一段引人入胜的西班牙地区信用卡数据流可视化动画，这段动画可在视频网站YouTube上看到。[27]年度周期并不具有上一节中展示的交通周期那样的峰值，但将巴塞罗那划分成不同地区，并将其供需模式可视化是可能实现的。图5.6（a）和（b）分别展示了居住区的购买支出和零售地的销售收入，它们之间的不匹配与信用卡消费在空间中的差异有关。然而，这并没有映射到实际的数据流中。在图5.6（c）中，我们用抽象的圆形图展示了巴塞罗那总支出和总收入前30位的地点样本，其中更深的灰色标识的是前2%的流量。正如你可能想象的那样，从每个地方到其他地方都存在流动，为了能从数据中获取有用信息的模式，我们要将它们进行可视化，而这可以说是一个挑战。[28]因此，我们的图表是高度抽象派的，在此进行详细分析并不是我们的目的，我们只是让读者对一些可能的探索类型有一些感知。我们还有一张诺伊豪斯制作的同一城市一周内的推特推文密度图[29]，如图5.6(d)所示。在随后对社交媒体进行更深入的研究时，我们将再次提到这一点。

社交媒体已成为各种在线互动活动的总称，这些互动由个人通过自己的设备（通常是智能手机等移动设备）交流关于自己或整个

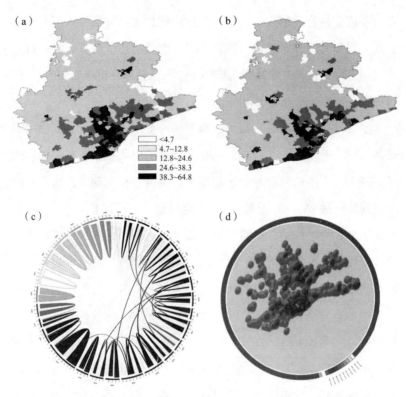

图5.6　巴塞罗那市的资金流动：（a）家庭所在地的支出；（b）零售所在地的收入；（c）在家庭所在地之间的资金流抽象图示；（d）整个城市的推文地理定位分布图

世界的信息而产生。这种交流涉及各个方面，来自用户在他人能够访问的各种网站上发布关于自己和他人的信息，以及发表意见等。发布的各种信息可能不仅仅与社会议题有关，越来越多的社交媒体不仅仅关注社会互动，也开始关注与商业、政府、卫生和教育运作有关的信息。例如在英国，国民医疗保健系统总是通过短信向患者传达医院和就诊预约的信息。其中一小部分信息会通过向地理定位卫星开放其设备的用户打上地理标记（该功能总是需要用户亲自激活），从而生成可在空间和时间上可视化的数据。就能够覆盖任何主题领域（在一定的道德限制内）的一般信息而言，只有非常小的一部分被打上了地理标记，这个数字通常小于5%，有时也小于2%。这种媒体实时生成信息，并且通常被那些实时接触它的人所接收，与推特等服务相关联的短消息就属此例。

　　这个数据同时具有很大的偏差性，因为年轻人往往更倾向于成为社交媒体的重度用户，许多为记录这类互动而建立的门户网站都被年轻人而非老年人的互动所主导。[30]这与智能设备、笔记本电脑和平板电脑的拥有者和使用人群有一定关系。但与通过定期人口普查获得的传统数据不同——普查是为了捕获任何样本人口的最大数据量或总人口而组织的，而新媒体数据则很难就其对整个人群的意义而言做出归纳。因为意义必须从数据中提取，所以人们经常使用各种形式的数据挖掘，但大部分数据的使用是有争议的、不清楚的和不确定的。这都是网络世界的局限性，基于此，目前利用这些数据来理解表征城市并显示其功能的社会和经济互动的行为存在很大问题。

　　当这样的社交媒体数据在空间上被可视化时，它们往往会显示出我们已经知道的信息——当然，这类批评屡见不鲜，所有直观上可接受、事后可解释的结果都会受到此类批评。例如，推特的推文信息数量往往随不同人群的密度而变化，尽管很显然，这些数据也在随着城市中年轻人的出现而变化，他们往往在晚上比清晨更活跃。图5.7显示了全世界的4个城市在一周内的推文信息数量分布情况。

诺伊豪斯将其称为"新的城市图景"，[31] 它们是基于从推特的一个应用程序编程接口（API）中所提取的推文信息。一周中所有带地理标记的推文都分布在距离每个CBD中心位置30公里的半径范围内。这些标记与人口密度显示出显著的相关性，虽然我们没有展示人口密度：我们只是假设读者对城市典型的人口密度有概念，即从核心到外围逐渐下降。这是标准模型的核心，并且与我们在下一章中所说的关于城市蔓延的所有内容一致。然而，在每种情况下，我们都可以看到差异，在图5.7（d）至（f）中，我们对伦敦进行了集中讨论。图5.7（d）显示，在CBD以北的零售和娱乐中心卡姆登，推文信息密度要高得多。在图5.7（e）中，我们以传统形式显示每日概况，然后在图5.7（f）中以圆形形式显示。这表明，当人们在清晨醒来时，推文的信息数量会有一个小的高峰，随着上午工作的进行，推文的信息数量略有下降，但在中午之后会迅速上升，并一直持续到下午，大约在晚上7点达到峰值。到了深夜，信息数量经历了一个稳定阶段，随后，当人们离开娱乐场所和其他场所并准备入睡时，信息数量开始急剧下降。

当然，我们正在猜测上述概况意味着什么，这说明了所有在线数据在精细的时间和空间尺度上被常规捕获所带来的基本问题：我们不可能将它们与产生这些数据的独立的、可观察的过程联系起来。我们根本不知道人们在发推文时在做什么，也几乎不知道他们中的大多数人在哪里。除非我们与捕捉我们私人行为的媒体和信息打交道的方式发生某些剧烈的变化，否则我们不太可能得到比本章所展示的例证更深入的信息。但是，创造未来城市或许不仅意味着建立

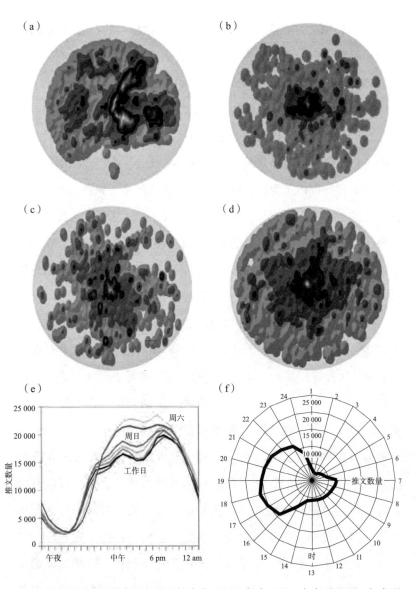

图 5.7　世界城市的推文发文数量：（a）纽约；（b）巴黎；（c）莫斯科；（d）伦敦；（e）伦敦：每日时间序列；（f）伦敦：每日平均发推文数

与新技术和生活方式改变所带来的功能变化相关的新的物理形式，也意味着要考虑不同的行为方式。从这个意义上说，社交媒体数据（比如来自推特的数据）潜在地包含了许多某人就什么话题与谁发生联系的兴趣。简言之，这些数据中嵌入了大量的网络连接，但提取这些数据的难度与解读这些数据的难度相当。我们目前所能做的最好的事情，似乎就是以某种模糊的方式将社会连接与转发那些在某种程度上目标群体正为自己的消息的人联系起来。如果一个人在推特上转发了一些东西，并且给原作者留言，那么这可能被视作某种社会连接。如果一个人发送的推特信息中包含对某个拥有推特账户的人的引用，那么这也可以被视为连接。我们甚至有可能从信息本身中提取出人们的身份，尽管这必须谨慎处理。

从这类数据中推断此类网络存在巨大的模糊性。除了一些人认为这些信息与他们的联系人相关之外，转发网络到底意味着什么尚不清楚。这种连接并不一定是相互的，还可能需要对他们联系人的人口统计数据进行分析，才能找出进一步的意义。这不仅与推特相关，还与所有其他涉及这种实时激活的社交网络相关。如果将这种分析扩展到脸谱网（Facebook）等网站，则需要提取和分析更多的内容。到那时，社交网络可能就更像传统网络，可以直接测量人与人之间直接的联系。我们可以花更长的时间来讨论这些问题，但是我们无法给出明确的答案。它们与我们正在进行创造和再创造的未来有关，而且与传统物理功能相比，这些媒体的波动性可能要大得多。在可预见的未来内，传统物理功能将继续主导我们的城市。

　　我们对这类数据的最后一方面的研究涉及个人发布到远程站点的数据，这些站点用精确的时空坐标记录了相对明确的内容。现在，关于推特、Instagram（照片分享社交网站）、Flickr、脸谱网等社交媒体的数据的研究已有数千项，这些数据都经过了编码和时间标记，但几乎没有以全面的方式整合。图5.8（a）展示了来自埃里克·费希尔（Eric Fischer）制作的一幅典型地图，这张地图是一段长时间范围内伦敦推特推文信息的可视化显示。在这一大都市尺度上，这些数据的位置标记出了街道和铁路网络。如果我们将其扩展到图5.8（b）的欧洲范围，它就揭示出了城市和都市集群。[32]这些与上一章中探讨的流动图非常相似。在图5.8（c）中，我们展示了伦敦地区发布到Flickr的带有日期和地点标记的照片的位置提取地图。费希尔从这些数据中可视化了本地人和旅行者发布的信息，在一定程度上显示了不同类型的发布信息在空间和时间上如何整合和区分。最后但同样重要的是，我们从保罗·巴特勒（Paul Butler）可视化的脸谱网数据中展示了全球范围内的朋友关系。[33]这张世界地图和图5.8（c）中的欧洲推文信息地图显示了所谓的全球地理学——即帕拉格·康纳（Parag Khanna）所说的"连接地理学"（connectography）[34]，大多数城市都正在迅速加入。为了总结我们对这个数字世界和它正在改变城市的方式的短暂探索，并将新的维度引入我们对城市和城市规划的理解，我们将以对于未来城市而言，有关流量和流的意义的思考作为本章的结尾。

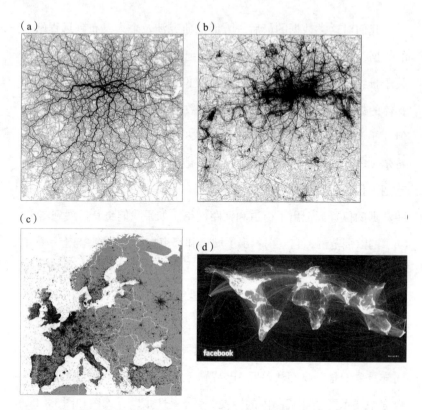

图5.8　带有地理定位的推特推文、Flickr照片和脸谱网链接：（a）费希尔的伦敦推文可视化；（b）费希尔的伦敦Flickr照片可视化；（c）欧洲推文分布图；（d）巴特勒的全球脸谱网好友配对可视化

## 未来城市，流体城市

　　城市把人们联系在一起，但正如我们已经多次提及的那样，城市的运转方式并不像机器，而更像有机体。随着城市的发展和变化，人们不断地建立和断开联系。这一点在本章的所有内容中都显而易

见。我们已对这些现在可能实现的新型数字连接进行了小样本研究，并说明了这些数字连接在一天乃至一年中的变化。想象一下，大量的这些数字流形成了一张巨大的横跨城市物理结构的连接网络，这一网络由许多层组成，随着新节点被添加到网络中，旧节点消失，现有节点转换其作用，网络不断地被激活和失效。许多不同种类的物理和数字基础设施支持着这些网络，并以不同速率改变通过其结构传输的数据。这类交换背后的原理既是社会的，也是经济的，不同的网络被用于一种或另一种功能，或与城市作为社会经济有机体运作方式相关的任何功能相组合。研究难度不仅仅在于简单地表示这些功能和通道，而在于使用一些关于整个系统的工作的模型将它们一体化。系统的操作、维护以及寻求用户角度的最优化（不管用户是谁，代表了谁），都需要一个强大的理论框架来进行探索，并在有条件的情况下进行预测。迄今为止，过去一个世纪的努力只产生了描述城市经济和生态如何运作的最简单的玩具模型。这些工作离其目标还很遥远。尽管我们在此极其粗略地介绍了现有理论，但令人遗憾的是，不断增长的全球城市系统日益复杂，现有的理论难以望其项背。事实上，我们努力探索，是因为不进则退。当下面临的挑战是要理解所有这些未知事物，而且要快。

　　我们应该对这种困境感到惊讶吗？答案也许是否定的，因为不管怎样，城市演化和定义它的城市正在不断地改变其形式和功能。创造就是它的全部内容。正如简·雅各布斯令人信服的论证那样，自历史开始以来，也即早在石器时代人们建立小规模城市以来，城市的复杂性就以指数形式增长。[35]在这些变化的基础上，又增加了技术，后者反过来又成为人口爆炸不可或缺的因素。显然，我们永远无法预测接下来会发生什么。从这个意义上说，所有实际发生的事情都是我们自己创造的。简而言之，我们无法预测我们的创造，因此也就很难知道未来100年及以后，新的城市数字结构会如何发展。到21世纪末，我们有可能都在一个巨大的城市群中互相联系，这将是我们试图描绘的信息技术世界所创造的复杂全球神经系统的物理表现。当来自任何地方、任何时间和任何人的信息都能被即时获取时，城市中的事物就开始变得与历史上的任何事物都不同。城市对新信息、创新、物理变化的响应速度明显加快。拥有更多信息的人群能够以更加连贯和更快的速度做出决策。在这个意义上说，城市表现出一种新的行动的流动性，一种光与速度的融合，并最终成为一个"流体城市"：在这里，物质欲望、面对面接触和数字思考提供了新的创新纽带。支配着城市的物理特性的是流、网络和联系，而不是惰性结构。与此同时，基础设施开始体现这种建立在层层流量和流之上的新流动性。

正如我们在本章和最后一章中所展示的，网络是理解和代表城市的理想范例。这里显示的各种示例说明了许多层面的网络结构，并隐含了深层的层级结构。这种结构反映了城市图景中围绕一系列市场中心和其他中心的增长，但随着越来越多的人类活动开始占据虚拟空间，而不仅仅是物理空间，这些中心正在发生变化。网络向外扩展，以吸引消费者和生产者，他们聚集在一起，在市场上进行买卖，而城市交通的传统功能是连接经济交换的人群。人们通过贸易和交换流向工作和市场进行生产或消费，是能量流最显著的外在表现，形成了使城市各组成部分结合在一起的黏合剂。用于输送这些能量流的网络不能四处发展，因而它们像树一样延展，就像是一棵树为了寻找能量以最经济的方式维持其生长而伸向空气或土壤一样。在某种程度上，这就是亚历山大在很多年前所论述的[36]，也是城市作为分形几何概念的全部内容。[37]这些网络的容量随着每个节点所能维持的人口数量而增加，当一个节点达到极限容量时，就会出现新的节点，就像边缘城市正在将当代城市的主导形式从单中心快速转变为多中心一样。城市填满其空间的方式与我们试图在二维和三维中高效利用空间的方式密切相关，而产生的形式就是许多自下而上发展城市结构的决策产物。我们将在下一章中探讨这种空间填充，并推测这种物质性是如何延伸到虚拟世界中的，而虚拟世界日益影响着我们在物质城市中的行为方式。

在最基本的层面上，城市正在成为其自身的传感器，因为它们的物理结构正在被自动化，使我们能够监控它们的性能和使用方式。但是，这些物质和数字相结合的形式之上也覆盖着数字网络，这些数字网络试图使人们能够以无数不同的方式使用城市，例如实时计算出不同地方所能提供的服务、朋友和熟人的居住地，以及去远途目的地所能采用的交通工具。当我们把这一数字网络与更基本的反映建筑物运作方式的传感器结合起来时，我们就会开始以迄今为止不曾实现的方式来增强现实。在更高的空间和更长的时间尺度上，我们对城市进行远程感知的能力为我们提供了新的见解，使我们了解城市是如何增长或衰退的，理解它们在比实时更长的时间段内的使用方式，以及如何识别在全球范围内出现的与实时个人操作更相

关的问题。所有这些都为新时代的城市设计——将城市视作一个将
物质与数字融合的自组织系统提供了巨大机会，并为社会和经济互
动提供了新的机遇。21世纪将要发生的许多事情将以我们尚未创造
的方式对传统城市造成破坏。在本书的剩余部分，我们的注意力将
集中在描绘这种情况可能发生的路径上。

第 6 章

# 向外，向内，向上：从郊区发展到摩天大楼涌现

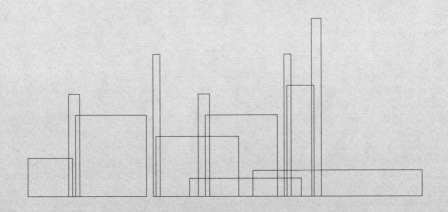

现在，大多数旧城市都成了僵化的机器，它们以越来越庞大的体量分配已知的特性，不再是不确定事物的试验场。只有摩天大楼才能为商业活动提供如蛮荒西部一般的广阔开放空间，一个可以触摸天空的边际。

——雷姆·库尔哈斯（Rem Koolhas）

《癫狂的纽约：给曼哈顿补写的宣言》

如果你途经苏州，从南京到上海，在这样一段将近300公里的路途中，你将会被这样一个事实所震撼：你目击了几乎连绵不断的城市发展。乡村似乎正在变为一种被特里·麦吉（Terry McGee）称作"城乡一体化"的新型城市。[1]这是一种城镇和乡村的混合体，一种城市的蔓延，呈现为许多高层建筑点缀在似乎是农村的地区中的样貌。这也许是中国土生土长的特质，但它表明了世界上许多城市正在迅速地相互融合而打破旧秩序，使得作为独立实体的城市定义已不再适用。正如我们在前几章中所讨论的，现实情况是到21世纪末，几乎每个人都将生活在某一类城市中，在许多情况下，我们将无法区分一座城市与另一座城市。

2002年，我第一次踏上这段旅途，而在最近，也就是15年后，我再次踏上了这一旅程，这次是从苏州前往上海。我仍记得苏州在2002年的样子，当时，它还只是一个大约仅拥有100万人口的城镇，这个人口数量对于一个小城镇已经足够，它围绕运河而建，让人回想起长江三角洲地区的古老中国。我估计在这15年里苏州的人口或许已经达到了200万到300万，但我被非常坚定地告知，苏州现在拥有1 100万人口，而且这一数字仍在增长。只要再加上上海市的2 300万人口，这一地区就已拥有比墨西哥城或东京（据说大约是2 500万到3 000万）等官方数据称世界排名第一的大城市群更多的人口。第3章中介绍到，JRC的城市人口数据颠覆了过去的排序，揭示了最大的人口聚集地实际上是珠江三角洲地区（广州、东莞、深圳、香港、澳门、珠海）。无论是在上海都市区还是在广州都市区，你的旅程都将经历引人注目的城市蔓延，你将频繁见到一系列毗邻的、相互联系的高层建筑开发项目彼此相邻，这与凤凰城或亚特兰大等美国城市蔓延的典型案例截然不同。

在许多意义上，这当然是未来的中国城市，正如西欧持续发展的城市是欧洲人的未来一样，虽然西欧城市的人口密度低得多，高层建筑也较少。伦敦人口不到800万，阿姆斯特丹人口不到100万。更广泛意义上的伦敦地区至少有1 500万人，可能接近2 500万人；而在荷兰，要划定总人口近1 700万的城市边界几乎是不可能的，无论如何，边界都会越过国界延伸到比利时。通过人口迁入（一些仍然来自农村地区）和城市相互融合，城市仍在向外急剧扩张。同时，正如中国所展现的，这种扩张也寻求垂直向上发展，这一点在大城市的核心区表现得尤为明显。当然，向内发展涉及用新的发展形式取代已经存在的发展形式，而所有这些扩张模式都为未来的城市提供了模板。在任何时候，我们都不会知道这种增长的确切组合，无论是向内、向外还是向上。

我们要明确这三种发展方式的重点。首先，当城市向外发展时，人们倾向于在周边地区增加人口和相关活动。这一过程或是通过简单地开发城市边缘地带的可用空间，或是通过现有的核心或内部区域发生的活动寻求更多的空间和更低的密度来实现。这意味着有一种使城市失去集聚的离心力，会令现有活动从核心扩散和分散。这种低密度发展在很大程度上依赖于为远离传统核心区生活的人们提供的快速交通。近100年前，自从汽车开始主导现代城市交通以来，这种发展一直被带有贬义地称为"城市蔓延"。事实上，在20世纪30年代的英国，这种扩张被称为"带状发展"，并被立法禁止。关于城市发展的机制，我们探索的第一方面集中在城市周边发展最快的时期，这些向外的运动上。这与最近出现的一种现象形成鲜明对比：最近，主要的增长发生在已开发城市的内部，重建和再生通过向内而非向外的方式进行。这不仅仅是一种基于向心力的回归——这种向心力正在增加人口密度，使城市更加紧凑，并重新将活动集中在核心区中心及其周围，它还更新了破旧的基础设施，重新开发了可完全使用的建筑物和土地，使之具有更多为特定目的建造的结构，这反过来释放并提升了已开发地区的资本价值。在过去的半个世纪里，这种趋势已变得非常重要，随着世界人口的减少，它在未来城市的发展中可能会变得更加重要。

最后不得不提的是，自19世纪末摩天大楼成为可能以来，城市发展的趋势一直在垂直向上推进。事实上，对第三维度发展的推动力度可能比100多年前美国城市出现第一座摩天大楼时人们所能想象到的要有限得多。一般来说，这样的城市建设仅限于最大城市的核心区，特别是世界城市的核心区，同时摩天大楼仍然依赖于其在商业和银行业中最有利可图的融资用途。于1910年在曼哈顿开始建造的伍尔沃思大厦被帕克斯·卡德曼神父（the Reverend Parkes Cadman）称为"商业大教堂"，这种建筑形式在20世纪初至20世纪中叶统治着西方城市。[2]而自20世纪90年代以来，中东和东亚地区完全接纳了这一形式。如今，在许多大城市，建设高楼已成为一个重要目标，不仅是为了商业用途，也是为了各种活动所需，其中包括住宅生活。这一章开头的小插曲就捕捉到了这种城市形态的意义：上海—苏州—南京大城市连绵区的发展被越来越高的街区所打断，它们位于结构松散的结构性蔓延之中，这种结构既包含较旧的农村，也包含较新的城市发展。

## 威尔斯命题

赫伯特·乔治·威尔斯在1902年写的一篇相当有预见性的文章《大城市的可能扩散》（The Probable Diffusion of Great Cities）中，对我们这个时代，即于他而言100多年后的未来做出了若干预测。关于各个时代城市的形态和功能，他提出了以下命题，我们将其作为城市建设的第四原则或主题。在写到城市增长和蔓延时，威尔斯说："一个国家的人口总体分布必须始终直接依赖于交通设施。"[3]当然，标准模型包含了这一原则，但基于这一命题，威尔斯预见到了20世纪城市发展的公认观点。他认为，本质上，在铁路建设之前，一个城市所能占据的地区范围受到两方面的限制：第一，我们能舒适地步行多远——这个限制在一个方向上大约是4英里；第二，我们能骑马或乘坐马车舒适地移动多远距离，这大约是8英里。威尔斯认为，铁路改变了这一切，铁路令长达30英里的旅程成为可能，从而大大扩大了通勤范围。他根据人们步行、骑马或坐马车及乘火车一小时内所能到达的距离进行估算。威尔斯的逻辑假设了一条定律，即我们每天在两个方向上行进各不超过一个小时，因此，一个人的总行程被限制在一天不超过两个小时路程的范围内。

当时所能设想的最大的通勤区域基于那些不间断的、不拥挤的交通方式，与诸如铁路这样的交通技术相关。铁路的平均时速为30英里，这让半径可达30英里的城市突然成为可能，而事实上，伦敦和纽约在19世纪末已经开始发展到这个极限。但威尔斯比此更进一步。他预言"对于当下最有优势的季票持有者来说，与之等价的可利用区域的半径将超过100英里"[4]，其中使用了与我们在第2章和第3章中集中讨论的关于城市范围和规模的论点非常相似的术语。他说：

> 有足够的证据表明，旧的"城镇"和"城市"实际上会像"邮件马车"一样过时。对于这些将从中发展出来的新区域，我们需要一个术语来对其进行描述，而带有行政意味的"城市区"（urban district）就出现了……实际上，通过一个融合的过程，大不列颠高地以南的整个区域似乎注定要成为这样一个城市区，它不仅通过铁路和电报，而且通过新的道路，以及密集的电话网络、包裹邮递网以及类似神经和动脉的结构，将所有这些连接在一起。[5]

这些景象，换个词来描述就是大城市连绵区。记住，威尔斯是在汽车普及的黎明前写下的这些话。当时没有数字计算机，家里几乎没有电，也没有类似交互网络的事物，而距离第一部"T型车"①从底特律生产线上推出，使美国走向以汽车为基础的文化还有6年时间。这仅是一个预测！

威尔斯所阐述的关键见解已经嵌入在了他的命题中。这是绝对的核心，不仅对于城市在成长为二维景观时的伸展和扩散方式至关重要，对于城市如何在现有结构内再生，以及如何向上发展为三维空间也至关重要。运输技术和通信是关键。非常明显的一点是，随着交通技术的发展，我们在相同的时间下能走得更远、更快，我们能够定居并保持交互水平的空间也至少与出行技术的速度成正比地增加（可能幅度还会更大）。由于城市建造的建筑形式会在建筑周期的时间尺度上长期存在，所以增长速度更快的人口只能分布在城市周边地区，因而城市会通过一点一点的累积而增长。当然，人口密度也可能增加，但与重建已有的建筑相比，建造新的建筑更为容易。如此一来，城市的向外发展就有可能在不导致低密度的发展，或是支离破碎或不协调的发展——这就是所谓的城市蔓延的一般特征——的情况下发生。因此，扩张并不意味着低密度。

与数字信息有关的运输技术的又一次转变在很久以前就开始了，但直到最近的20年，这种技术才变得无处不在，并对我们的交流方式产生影响。虽然，正如我们已经阐明的那样，数字通信的很大一

---

① T型车是福特公司推出的一款普通人都买得起的汽车。福特公司发明了流水线生产方式，大大降低了汽车生产成本，让以前只有权贵买得起的汽车进入寻常百姓家。——译者注

部分是新的，也就是以前所没有的，但一些物理移动肯定会被电子通信所取代。到目前为止，我们还没有看到由人们用电子通信来代替面对面的活动而产生的移动模式的巨大变化。从某种意义上说，数字交易补充了传统的物质交易，增加了交易的种类和数量。在威尔斯命题中，行程时间和成本已经取代距离，成为移动的主要决定因素。现在城市发生的新变化主导了流动与可达性，也主导了我们对人与人之间距离的研究。我们已经在标准模型中看到了这种情况是如何发生的：地表交通状况的扭曲——例如第4章的图4.4（a）所示的河流影响了CBD周围相似土地利用形成的条带。事实上，威尔斯自己也曾指出这一点："当然，例如在存在可通航河流的情况下，商业中心可能被拉长成一条线，而城市的圆也会被调整成一个扁长的椭圆。"[6]我们好奇威尔斯是否知道冯·屠能的工作，我们怀疑他不知道。

　　在一个有着大量在线通信且电子通信延迟非常短的世界里，作为一种在汇集不同活动方面拥有区位优势的机器，城市消失了。你不妨想象一下，在物理城市中将交通时间减少到零会发生什么。在这个虚拟的世界中所出现的模式将不再符合标准模式。不过，当然，未来将永远是数字和物理的混合体，因此一个纯虚拟的世界不太可能存在。在很大程度上，未来（我们几乎还没开始讨论未来，直到接近本书结尾时才会进行探索）将有巨大的转变，这在很大程度上取决于未来城市中场所和空间的作用，以及全球化的程度——全球化是新信息技术的应用和功能在世界范围内分离的内在要求。这种分离将清楚地反映在我们未来使用空间和位置的方式中，因为它代表了形式和功能的最终分离。在某些方面，这已经反映在当代城市的郊区化，以及城市的蔓延程度已远远超出其传统的硬边界等现象上。但在开始猜测之前，我们需要探讨在城市向外发展的语境下，郊区化和城市蔓延究竟意味着什么。

## 向外发展：城市蔓延

到"二战"结束时，也就是20世纪50年代，人们开始回顾20世纪的城市发展，并第一次意识到，发达国家汽车的普及和日益提高的生活水平，正导致城市边缘产生快速、低密度的住宅增长。随着郊区城市化趋势的加强，人们能在远离核心区的地方以更低的价格获得更多的空间，而与此同时，西欧和北美典型城市的中心和内部地区日益加剧的交通拥堵又增加了对较低密度、不那么拥挤的生活的需求。意识到城市正以这种方式发展，很多人的反应是负面的。例如，《财富》杂志的编辑威廉·霍利·怀特（William Holly Whyte）就召集了一群杰出的城市评论家，批判了城市发展发生在越来越偏远、密度越来越低的地区的现象，同时把矛头指向了城市核心由于失去其功能而正在退化的现象。他编辑的《爆炸的大都市》（*The Exploding Metropolis*）[7]强烈抨击了美国的汽车文化，同时也是一份反对市中心衰落的宣言。这与简·雅各布斯的观点相呼应，她也是这本书的作者之一，在书中她抨击了传统美国城市在面对高速公路建设时的消亡，以及用高层住宅取代旧日高密度的低层邻里住宅的行为，她反对高层住宅被布置成死板、一成不变的荒芜结构。[8]

城市蔓延（urban sprawl）这一术语，定义了这种郊区增长最糟糕的一方面。在某种程度上，它带有一种贬义，因为那些信奉工业革命前更封闭、更紧凑，也更小，也许还被围墙包围的城镇和城市的人们怀念早年的时光。1822年，新闻记者威廉·科贝特（William Cobbett）在《骑马乡行记》（*Rural Rides*）一书中宣称，当从伦敦向西骑马而行时，"所有的米德尔塞克斯郡都蔓延着丑陋的"——到处都蔓延着"花哨的、茶园般的房子"[9]。虽然他没有明确地使用"蔓延"这个词，但他是批评伦敦蔓延方式的一长串评论家中的第一个，将其贬损地称为"巨大的皮脂囊肿"。这种贬损在19世纪日益流行，在1883年威廉·莫里斯（William Morris）的抨击[10]中达到顶峰。在一次演讲中，莫里斯宣称："需要我和你们谈谈在我们最美丽、最古老的城市周围蔓延的那些讨厌的郊区吗？我有必要跟你们谈谈这个城市如此迅速地堕落，但仍然是所有城市中最美的城市吗？"直到1915年出版的《进化中的城市》一书中，作者帕特里克·格迪斯也表达了这种观点，他写道："城镇现在必须停止像不断扩大的墨迹和油斑一样的蔓延：一旦真正发展起来，它们就会不断盛开像星星一样的花朵，绿叶与金色的辐线交替排列。"[11]他甚至用力学图解对此进行了描述，如图6.1所示，反映出向心力和离心力之间的张力。对于这些观点，每一代人都会回顾在他们看来更稳定，或许也更易于理解的时代。尽管20世纪的人们对城市和郊区的发展已经提出了尖锐的批评，但毫无疑问，我们在21世纪还会这样做。

正如我们已经指出的，当城市增长速度超过现有城市内任何可能的密度增长，且增长的部分仍然主要依赖于核心城市的功能时，郊区化是城市增长的必然结果。但是，当这种增长不协调、支离破

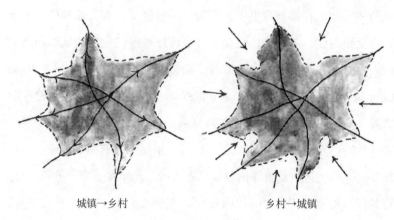

城镇→乡村　　　　　　　乡村→城镇

图6.1　格迪斯的城市蔓延理念是"城镇→乡村"和"乡村→城镇"，他的文字描述表明了城市向外（离心力）和向内（向心力）的力量

碎，并且与城市周边宝贵的农业用地（这些土地通常为城市提供重要农产品）发生竞争时，就会出现问题。与城市周边地区更为紧凑的增长相比，这种增长的交通成本超正比地增加，对不可再生资源产生了不利影响。尤因（Ewing）将这种增长描述为低密度的、分散的，由条状（或带状）发展组成，同时具有均质性特征，即土地利用组合在不同位置上几乎没有变化。[12] 一般来说，这种增长主要来自住宅，在其他城市功能上通常难以实现。此外，由于较富裕的人口喜爱居住在具有更自然"未开发地区"特质的地方，因此离心力往往会把城市增长推到比实际所需更远的地方。这种蔓延的形象被普遍描绘为没有生气、没有吸引力的单一的住宅区，如图6.2所示。图6.2（a）来自1948年的《洛杉矶时报》，是关于20世纪三四十年代洛杉矶地区城市蔓延的评论报道[13]，图6.2（b）展现的则是纽约莱维敦——20世纪50年代以来郊区规划的经典案例。这两幅图的对比显而

（a）

Sprawl devours the garden

（b）

图6.2　城市蔓延：（a）洛杉矶，20世纪30年代到40年代；（b）纽约莱维敦，20世纪50年代

易见地表明，这种蔓延长期存在，尤其是在美国的汽车文化背景中。

一个关键问题，也是仍然颇具争议的问题是，城市蔓延涉及资源浪费：同样的生活质量和愿望可以通过更加协调、更高密度和更紧凑的增长来实现。已经有很多人试图证明这是事实，但大多数探讨都没有定论，因为他们不可避免地限制了讨论的焦点。此外，化石燃料的浪费、建造低密度住宅的成本以及获得基本城市功能所增加的成本，所有这些问题都具有争议性，因此其解释也变化无常。[14]目前，车辆技术和汽车动力方式正在开始巨大的变革。而这很可能会改变"赞成或反对扩张"这一辩论的整个局面。事实上，50多年前，也有人支持蔓延，[15]而最近，戈登（Gordon）和理查森（Richardson）已经指出，自由市场的优势在于，自由市场能加强消费者对空间和交通的偏好，并使城市发展能够在低拥堵和低土地价值的条件下进行——这是自由市场赋予城市的增长方式。[16]

蔓延城市的二维形态一直是人们关注的焦点，但我们的观点是，为了满足特定出行成本、密度和土地混合利用指标，我们可以构建出各种可能的形态模式。简而言之，只要有一点儿独创性，我们就可以构造出与许多不同种类的成本结构相关联的形态，这意味着我们无法通过简单地查看这些模式就知道它们是否有效。此外，在很多情况下，看起来分散、支离破碎而无组织的事物可能实际上并不如此。多年来，人们都知道不同的出行方式和居住密度会产生相似的城市形态。[17]这就是"殊途同归"原则，它表明多种不同的力量或过程以不同的方式组合而成，可以产生相同的形式和高度相似的结果。

让我们看看西欧形成这种模式的两个例子，它们揭示了蔓延的所有特征。伦敦是单中心城市的典型代表，大约一半的工作人口（约200万人）在扩展的中心区工作（伦敦城、布卢姆斯伯里、西区、威斯敏斯特、维多利亚和码头区/金丝雀码头），另一半在郊区工作。尽管几个小城镇现在已经与日益发展的大都市融为一体，被包裹在大都市的结构之中，但伦敦在其更广阔的腹地地区从未有过任何可以与其竞争的中心。

图6.3（a）展示了伦敦在更广阔的东南英格兰地区内的人口密度：很明显，中心城市主导着该地区，向心力明显地将活动推向中心。与此同时，腹地区域的几个小城镇正逐渐与大都市融合，把这种结构看作是具有各种规模的城市发展的典型多中心城市体系，也不为过。作为对比，图6.3（b）显示了比利时中部和法国西北部的城市发展。这些地方的城市形态看起来更加分散，城镇总体规模较小，但似乎融合在了一起。最大的问题是，这两种体系各自包含了多大规模的扩张？从这些图片中无法得出解答，因为我们并不清楚主导城市发展的各种过程是如何运作的。即使我们了解了过去200年这两个城市体系发展的概貌，也无从知晓城市蔓延对这些地区的支配程度。城镇是相互融合还是增量发展，城市发展是否跨越了界定这些体系并限制发展的周边绿地，以及其人口增长是源自农村腹地还是欧洲其他地区的人口迁移，这些问题都无法从这些照片中查明。从显示夜晚灯光的卫星图片（主要由NASA提供[18]）中可以看到看起来像是城市扩张的很好的图像，但是我们不能立即假设看起来爆炸性的增长实际上是城市蔓延。图6.4所示的大东京的夜景图就是很好的例子。简而言之，形态能告诉我们的东西很少，除非我们有更灵敏和更

（a）

（b）

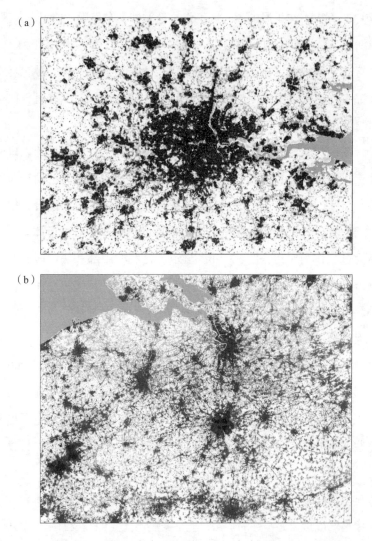

图6.3　城市增长与蔓延：（a）英格兰东南部；（b）比利时和法国西北部

图6.4　大东京的夜间灯光数据（图片来源：NASA）

可测量的，与威尔斯命题和标准模型所指示的事物有关的指标。

　　城市蔓延是当代城市的现实之一，尽管目前有强有力的措施来扭转这些趋势，但在过去50年左右的时间里，这些限制措施的实施似乎对城市形态几乎没有影响，至少在发达国家的许多西方城市是如此。绿带和城市边界对遏制城市增长的作用甚微，尽管正如本章前面所言，现在有人大肆宣传人口正在返回中心城市，称其扭转了一个多世纪或更长时间的去中心化。[19] 但我们也不太可能很快就生活在雅各布斯式的与过去的中心城市类似的高度多样化、混合使用的环境中，回到紧凑、高密度的住宅中。毋庸置疑，世界大城市的市中心似乎确实为年轻人和流动人口提供了令人兴奋的生活方式，而目前，大都市居民以及知识精英在这里的人群中占了很大的比重。

但在大多数世界城市中，离心力仍占主导地位，在一个人们——无论是来自农村腹地（比如在贫穷国家的案例中）的人们，还是城市规模等级较低的其他城市的人们——仍然被城市吸引的世界中，郊区化仍然是主要的增长模式。毫无疑问，这其中的一些要素将会改变，而且由于新的交通技术、对出行和运动的新观念，以及对营造更绿色、更节能、更环保的世界的更多关注，情况确实将会发生一些改变。但是，认为城市将变得更加紧凑而不是越来越松散的想法似乎不太可能描述城市的未来。事实上，在这样一个以城市外围发展为主导的变化形式的世界中，扭转我们关于物质流动的传统观念的力量正变得越来越具有影响力。不过，外围发展绝不是唯一的发展形式。当然，在过去的30年中，在发达国家，城市内部的更新已被提上议程且备受关注，而像中国这样的地方的快速变化则正在导致许多高层建筑的使用寿命大大缩短。因此，未来的特征也将包括现有城市的内部的增长以及向上进入第三维度。我们现在将转而讨论这些力量。

## 向内增长：从内部更新城市

不断地自我更新是城市的一种维护方式。尽管城市中的建筑会随着影响其设计和使用的新技术和机遇的涌现而以相近的速率进行适应，但建筑的生命周期往往长于人类的生命周期。追溯到古典时代，甚至是史前时期，城市在规模和形态上都历经兴衰。拥有悠久历史的城市显示出叠置的层状结构，一层覆盖着一层：一种"城市生活的沉积物"，这仿佛是城市发展的副产品。古苏美尔人的城市几千年来主要由干泥砖建成，这些建筑结构也呈现出层次，被称作"台形遗址"（tell），而更近的一些从罗马时代开始的城市，如伦敦，当下已经比第一次有人居住时的位置高出几米或更多。也许，现有城市最明显的变化是工业革命以来的技术导致建筑形式和动力运输方式发生的巨大变化。我们将在下一节中研究摩天大楼的出现，因为城市也已经开始垂直向上发展，而包括钢架的使用、供暖和照明中的能源使用、特殊类型的镀层等在内的其他技术在目前的更新进程中占主导地位，所有这些技术通常都比保持和维护建筑的现有形式更便宜。

　　城市形式的最大变化发生在20世纪。这是工业城市的大规模重建，而其形式，尤其是其居民区，被普遍认为是工业革命的不幸结果，因为工业革命时期人们很少关注19世纪涌入城市的日益增长的城市人口的需求。即使在当时的规范和价值观念下，住房质量也被普遍认为是不合格的，直到20世纪初至20世纪中叶，城市才开始大规模地重建和更新。事实上，城镇规划运动是这些城市工业化恶行的直接后果，它引起了人们对"二战"后主导城市的公共住房的重视，尤其是在欧洲和北美。最近，类似的重建项目也主导了东亚地区的大部分城市，尽管在中国和印度的情况略有不同——在那里人口依然主要集中在农村，类似西方历史上经历过的工业化从未发生。在东亚，过去30年的城市化是由以更现代的技术变革形式为基础的工业化驱动的。

　　事实上，为最贫穷、质量最差的贫民窟重建住房的项目在英国等工业革命的先锋国家中规模最为庞大。因此，简要总结过去70年中占据主导地位的城市更新过程具有指导意义。大规模的贫民窟清理计划始于20世纪40年代末，标准做法是只替换受影响地区大约一半的居民。也就是说，重建的人口密度大大低于被替换住房，仅为后者的一半。在重建开发之前，典型的贫民窟居住区的人口密度高达每公顷600人。政府只可能以原先一半的密度安置这些人，即使这样，需要建造的高层建筑的数量也是让人无法接受的。这些"过剩人口"正如其名，随后被安置在扩张的城镇郊区，或是环绕于伦敦、曼彻斯特和利物浦的大量新市镇。这种更新以较低的城市内部密度取代了高密度，但基于花园城市的原理，通过新的外围开发进一步降低了城市内部密度，促进了郊区增长。相比之下，对于密度高得多的发展中国家的当代贫民窟，重建和重新安置的问题显得更为尖锐，在讨论此类问题时，我们不能将城市增长和更大都市的低密度蔓延的总体背景分开考虑。

从内部进行更新显然不限于住宅开发。过去50年来，西方城市中发生的大规模非工业化清除了大量旧工厂开发区，形成大片空地。一些新工业已经在现有的城市结构中发展起来，但在大多数情况下，新工厂需要与之前几乎完全不同的布局来容纳它们需要采用的技术结构，因此大多数工厂都位于郊区。制造业从中心城市大量流失，而经济本身也已变得更以服务为导向，这主要是由于自动化。在持续的快速自动化浪潮中，最大城市的服务和CBD本身在未来会是什么样子，是一个悬而未决的问题（我们将在最后两章讨论人工智能在未来城市中的作用时对此进行推测）。一些城市，如底特律，不但失去了其传统的中心职能和在其内部地区的制造基地，而且受到大规模废弃住宅的打击，以至于其市中心和内部地区开始变成"绿色"。在零售业方面，如前几章所述，边缘城市的出现[20]，主要是基于办公楼的发展所伴随的零售的逆中心化，它进一步证明了从内部更新会导致外部郊区的显著发展，从而加强城市蔓延的趋势。所有这一切又促发了回到内城的强烈要求，对此，英国最近的政策已经把新的住宅开发带到了内城和中心城市，以及与绿色地带相对的棕色地带[①]。这导致了过去几十年中老城区的密度增加，发展也更为紧凑。尽管这种政策由于较低的运输成本、更环保和更可持续的土地利用，压缩了城市空间，带来了更多的积极效益，但也有人指出，这似乎对房价和交通拥堵产生了非常有害的影响。

因为城市更新的过程与不同社会阶层、收入、种族等人口的迁移错综复杂地交织在一起，所以它不仅仅是简单地置换建筑的过程。第3章解释了在芝加哥这样的大城市中，离CBD不同距离的住宅圈是如何与不同的人口群体联系在一起的。标准模型试图用不同群体支付住房租金的能力不同来解释这一点，但是芝加哥城市生态学家在20世纪20年代修正了这一模型，如第4章所述，他们认为，住房类型和居住的径向同心模式并非始终固定，而是由高度不稳定的"过渡区"组成。这些城市生态学家认为，随着人们变得更加富有，同时很少有人不相信那个时代的传统观念，他们都认为身处大城市能够使人们迅速提升收入与阶级，因而不同的种族和社会群体会在城市内部流动，以优化自己的生活质量。[21]这是一个至今仍出现在许

---

① 绿色地带（greenfield）指未开发地区，棕色地带（brownfield）指待重新开发的城市用地。——译者注

多美国城市中的过程，富人会向更远的地方迁移，以远离中心商务区为代价换取更多的空间，但由此会产生更高的运输成本，最终这一过程会向最贫穷的群体渗透。在最底层，条件最差的住房将被新移民占据——在19世纪末和20世纪初的美国，这些移民总是来自海外，通常来自欧洲——这将为整个城市的发展提供动力。如今，类似的模式也出现在城市中，贫民窟化和绅士化被明确地标识为改变邻里社区的过程。然而，目前学界尚不清楚这些过程是否会带来更大的总体财富和更高的生活质量。正如第3章和第4章所暗示的，大城市的人均财富可能更高，但也可能更不平等，穷人会比富人多很多。不过，这一过程最初仍被描述为城市的"良性"模式，在这种模式中，财富会从富人阶层流向穷人阶层，尽管更广泛的城市研究圈子对这一思想提出了相当尖锐的批评。

让我们来看关于城市从内部更新的最后一个特征。大多数读者不熟悉伦敦的金融区（被称作"伦敦城"）的详细地理情况，但请允许我使用这一例子，因为伦敦的金融区已经发生和正在发生的事情为我们的论点提供了一个挺好的说明，即大多数城市的变化来自更新。正如人体通过细胞不断自我更新一样，城市也在适应更广泛的经济环境、人们对位置和出行的偏好的改变，当然还有技术创新，在此过程中不断更新其结构。自第二次世界大战结束以来，伦敦城经历了至少4次，也许5次大规模的建造浪潮，与繁荣时期和相关的房地产投机相吻合。尽管许多建筑物经过重建得到了更新，但该地的总体形态变化不大，街道模式[22]与1666年大火后的情况大致相同，同时20世纪严格的规划控制也使天际线保持在低水平。自上一次始于20世纪90年代中期的繁荣以来，许多可追溯到20世纪六七十年代的办公楼已在原地重建，金融区的重心已经从英格兰银行向西移向圣保罗大教堂，伦敦城和西区东部边缘（伦敦的购物和娱乐中心）之间相对安静的地区已被逐渐填满，更富商业吸引力。在这一建成环境的结构中，在这些地区工作和生活的人发生了巨大的变化，但整体的物理形态几乎没有明显的改变。

这一更新的有趣之处在于，它的产生不单是因为建筑的功能配置已无法满足实用性。如果你现在去参观连接英格兰银行和圣保罗大教堂的齐普赛大街（Cheapside），沿街的建筑在过去10年中已被接连替换，而在大教堂旁边，这个曾经在20世纪50年代建造了一座尽管不是很吸引人却也非常实用的新古典主义办公楼的地方，建造了一座全新的高档购物中心。当然，许多建筑已不再适用于其最初的功能，而且从经济角度来说，重建总是有理由的。但是，房地产投机和对新奇、流行式样和时尚诱惑的追求也非常重要。而且，这种房地产投机所产生的使用价值或许是最明显的改变动力。在那个地方建一个新购物中心将比现有的或以前的用途产生更大的利润。当然，这也需要城市、开发商、为项目融资的企业资本家，甚至想为城市改变做出成绩的工人和居民齐心协力。

在理解城市发展时，过去人们主要关注的是城市在形态和经济结构方面如何发展，而不是它们从内部不断进行自我更新的方式：也就是说，重点放在外部增长，而非内部发展。然而，事实上，只要研究一下相当简单的移民模式就会发现，在大多数城市中，因住房和工作改变而产生的人口内部流动每年都远远超过人口和就业的实际净增长。在美国，每年大约有14%的人口搬家，而美国人口的增长速度只有这个数字的十分之一。从某种意义上说，这意味着，我们一味关注由新增长主导的城市动力学，侧重于城市蔓延以及通过绿地和增长边界控制城市物理范围的方法，可能会分散人们对城市动力学关键过程的注意力。任何对城市细微环境的观察都会揭示出，城市中更多的变化的基础是更新和人口的内部流动，而非新的增长。此外，在过去的25年中，我们似乎已经进入了一个完全不同的经济体系，一个低息低利的时代。在这样的体制下，将资金投入更多的发展，特别是投入建造享有盛誉的高层建筑，已成为人们投资时的首选资产类别。这导致大城市不断更新，这种趋势不再反映传统的建筑周期，并且在很大程度上脱离了实体经济。当代世界经济基础的这种变化是否也是大转型的一部分，这是社会在近期和中期需要直接面对的难题之一。

70多年前，经济学家约瑟夫·熊彼特非常令人信服地论证，资本主义之所以是一个极其高效的制度，正是因其对持续更新的追求。[23] 他认为，经济的任何一个组成部分，比如一个公司，甚至整个行业，都无法抵挡竞争和创新的深层力量，而这些力量最终将摧毁任何成为市场主导的东西。新公司将建立在既有公司永远无法效仿的创新基础上，在这种情况下，没有一家公司能保持领先。[24] 从过去50年美国年收入顶尖的企业来看，1955年前100名的企业中，目前只有两家仍保持在前100名，而且看起来到这本书出版时，这两家公司也将不再处于前列。这似乎意味着，熊彼特如此有效阐述的"创造性破坏"过程是经济的核心，反映了社会动力学的铁律。[25] 就单个城市而言，同类的创造和破坏似乎都在一个更为整体的层面上。根据在第2章和第3章中介绍的钱德勒数据库[26]，到1453年，在公元前450年排名前50位的城市中，没有一个城市至今仍留在前50名，而在1453年排名前50名的城市中，只有6个城市时至今日还在前50名之列。前100强企业（来自1955年到1995年的《财富》500强名单）的半衰期是28年，即28年后依然位列前100强企业的数量仅为最初的一半。对于1790年到2000年的美国城市而言，这一半衰期相当于60年。从公元前450年的世界数据来看，当时的城市半衰期是75年，比再往前2000年的约200年有所减少。随着研究尺度从个人扩大到公司，再从城市扩大到世界人口，虽然存在相对波动，但这种动态变得更加平稳。尽管在最小的尺度上，分析也更具主观性，但这样的分析更能揭示出各种过程本身是如何推进的。

显然，风格和技术上的创新有助于创造新的建筑形式，而在原始竞争冲动的背景下获取和管理财产的方式上的创新同样如此。佩奇（Page）整理了熊彼特关于从20世纪初到"二战"期间摩天大楼发展初期的曼哈顿重建的精彩描述。[27]他认为，正如我们已经表明的那样，资本主义的城市化和发展"不是简单的扩张和增长，而是一个充满活力的、经常较为混乱的破坏和重建过程"，而这一过程是更新城市，以便通过发展转型获取越来越多的利润的现代性的核心。从这个意义上说，这些过程是所有城市建设的核心。城市动力学的一大特征是，城市发展永远不会完成，城市的形式和功能也总是"临时的"。对于未来城市只能被创造，不能被预言的观念来说，这相当关键。佩奇在下面这段话中很好地总结了这一点：

　　"创造性破坏"的矛盾表明城市生活的核心存在多种紧张关系：稳定与变化，"场所"概念与一体的、可发展的"空间"概念，市场力量与规划控制，经济价值与文化价值，以及所谓的城市发展中的"自然"与"非自然"。[28]

　　这种观点，与城市发展和共同演化从而产生令人惊讶的结果的观点非常一致，从这个意义上说，它显示出了"涌现"的思想。有人甚至会说，发明就是一种涌现，并且城市的动态变化会继续令我们感到惊讶，这也与我们长期以来所秉持的城市的未来是被发明的观点相当一致。20世纪初，曼哈顿通过一系列错综复杂的决策组合（其目的是从土地开发中获得尽可能多的利润）得以重建，这些决策使用了新的建筑技术，使得随着城市的发展及进一步全球化，其住宅用途能够迅速转变为商业用途。这种涉及连锁决策层级的转变过程揭示了不同时间和空间尺度上的变化，从更快速的用途转换到通过新的构建形式生成的新功能，到分区条例和规划标准的较慢的变化。这一过程涉及一系列连续而多样化的发明，包括建筑材料、结构设计、新的商业模式和许多其他看似不相关的、定义如何创建城市环境的不同因素。

　　缓慢的物理变化过程涉及重大决策，这些决策会改变城市中的移动路径，它们很少发生但具有很大的破坏性。与改变路线物理特性相关的更快的过程发生得更频繁，例如，设立步行街和诸如自行车道等其他隔离区，这时就需要建设街道体系下的公用设施。相比之下，建筑的原位重建则有多种可能性，从简单的建筑修复和内部重建，到在现有场地上建造全新的建筑形式。虽然全部重建通常比引入新的街道和航线系统更快，但发生的频率却低得多。在此基础上，重建还必须映射出反映决定物理变化的经济周期的组织过程。通常，土地要先被征用、整合、堆积和空置，直到经济条件被判断为适合才会被开发，而涉及许多不同利益的规划和相关控制过程则可能阻碍开发，常常会阻止整个计划。就现有建筑环境中开发新用途而言，开放空间和公园设施最难以界定，因为这些空间中的大多数建造于城市的高增长阶段。

## 向上发展：撕裂天空

19世纪末摩天大楼诞生的熔炉是芝加哥，而非纽约。人们总是迷恋于建造塔楼，以"到达天堂"，这既是出于宗教原因，也是出于经济原因——从中世纪早期诸如博洛尼亚等意大利城市的高层建筑就可看到这一点，其塔楼的高度超过50米。[29]然而，直到1854年伊莱沙·奥的斯（Elisha Otis）发明了电梯，[30]再加上钢结构逐渐发展到足以量产的程度，才产生了第一座从19世纪80年代起建于芝加哥市中心的摩天大楼。路易斯·沙利文，这位提出"形式追随功能"主张的建筑师也成了"摩天大楼之父"：他那令人惊叹的建筑将钢结构的优雅与充足的古典装饰结合在一起，使它们具有了真正的品质。[31]其中，1893年在布法罗市中心建造的担保大厦具有标志性。这些早期的建筑都是非常具有试验性的项目。它们高度也达60米，与博洛尼亚的塔楼相当。当时，一座典型高层建筑的标准是每层高3~4米，底部楼层面积更大，结构从底部到顶部逐渐变轻，并且通常也变得更细。

当下最高的建筑已经达到 1 000 米高度，这主要得益于近来建筑工程领域的迅速发展。但是，如果研究摩天大楼最大高度的增长率，我们就会发现这远低于世界和城市人口的增长率，以及最大城市周边的城市蔓延速度。简而言之，尽管向上扩张的追求不容置疑，但是很大程度上，由于技术的原因，这种变化的速度并没有城市蔓延的速度那么快。事实上，很难找到能与城市扩张速度匹敌的事物。关于高度和建筑后退的规定也影响了建造高楼的能力。尽管如此，向上发展的驱动力部分是基于在城市最容易到达和最密集的地方获得更多空间的愿望，这反映出世界上最大规模的城市在占据最中心的土地和建筑空间方面的压力日益增加。另一个不可量化的维度是对高层建筑的单纯渴望。"商业大教堂"（如前所述，该短语用来形容1912年在纽约完工的伍尔沃思大厦，直到1930年克莱斯勒大厦建成之前一直是世界上最高的建筑物）象征着人们赞美成功和财富的偏好。[32]它表明，将最有价值的活动和人们聚集在中心的高层建筑的向心力要远超将价值较低的活动推向城市边缘的离心力。集中化（即中心化）和分散（即逆中心化）之间的权衡是一个复杂的过程，只有极少数个人想要住在市中心，有这种想法的家庭就更少了，这主要是因为在这里，关于除了最小空间之外的其他任何空间，涉及商业和贸易的最有价值的活动总是出价高于个人。此外，与郊区相比，市中心住宅设施的可用途径可能会非常扭曲。在一些中心地区，第二住房在所有住房中的比例已经变得非常显著，那里正在进行高层开发，许多新的摩天大楼留作住宅使用，但其中许多也同时成为富人投资组合中的资产类别。

　　垂直建造的关键主要在于从土地和区位上获取利润，而不是通过高楼来节约成本：从每平方米的成本来看，高楼的成本仍比传统建筑高得多。这在很大程度上决定了高层建筑在功能上主要是商业化的，尽管在过去十年中，高层建筑中住宅所占比例有所增加。但成本仍是一个问题，因为高达200米的建筑物的巨大复杂性需要核心筒和电梯井，以及各种公用设施的管道系统。超过这个高度，高层建筑就需要不同类型的核心支撑，通常不止一个核心，还需要使用飞扶壁或类似效果的结构支撑，这与中世纪教堂的建造方式基本相同。这么做的成本是巨大的，尽管从机械运输的角度来看，将人向上移动可能比向外或侧向移动更便宜，但本质上，现在这种建筑的容量不仅取决于建筑成本本身，而且取决于电梯的等待时间。然而，正如我们将要说明的，这些成本与大楼的使用所产生的利润相比，似乎不值一提，特别是当这些建筑大多是为容纳最富有的金融服务而开发时。正如吉尔伯特在这个时代初露头角时所预见的那样，摩天大楼是"一台让土地付出代价的机器"[33]。

　　你可能会认为大约于19世纪末同时开始的城市蔓延和摩天大楼的建造现象多少有点儿巧合，但这并非偶然，同时出现的工业技术的发明使这些发展成为可能。电梯技术用了将近40年的时间才使液压升降机变为常规设备，汽车也花了几乎同样久的时间才达到大规模生产的地步。反过来，这些技术最初都依赖于出现在一个世纪以前或更早的工业革命的蒸汽动力。有趣的是，似乎没有人弄清楚过去150年中城市增长有多少可归因于向外和向上的发展。当然，几乎没有什么是来自内部增长，因为大部分内部增长都是以更新的方式进行的。基本上，我们可以说，1900年以前的大多数增长都是由向心力造成的，但是从1900年起，向外和向上发展的比例如果不被计算，至少也应被考虑在内。1900年，像沙利文设计的担保大厦这样的摩天大楼从未超过46米（13层）的高度，但到了20世纪20年代末，最高楼的高度已经达到了约320米（77层），也就是1930年建成的克莱斯勒大厦。自那之后，建筑高度一直没有太大的提升，直到20世纪70年代芝加哥西尔斯大厦建成后，建筑高度才大幅提高。这个高度接近450米（108层）。直到2010年，迪拜建造的163层哈利法塔才突破800米。颇具讽刺意味的是，从那时起，一系列高塔的建造被提上议程，并且此时此刻正在建设中：在你阅读本段文字时，1 000米高、170层的吉达塔将会竣工[①]。在图6.5中，我们展示了一

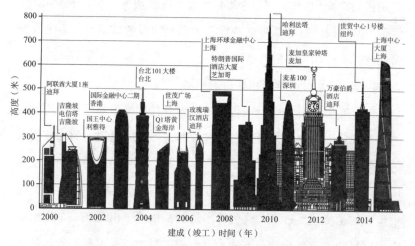

图6.5 自2000年起每年度新建的全球最高的摩天大楼

① 由于资金问题，吉达塔的建造过程多次延误，目前预计竣工时间为2021年。——编者注

个世界高层建筑的样本。从这幅图中可以看出，摩天大楼的高度在20世纪大幅增长，但是这种高楼的数量增长速度并没有赶上城市向外发展的郊区增长的速度。

任何形式的发展，无论是向外、向内，还是向上，都取决于经济状况的发展势头。当然，有一些政府推动发展的举措，如西方发达国家清理贫民窟和香港等地建设大规模住房容纳外来移民，但大多数"普通"的增长取决于经济相关的繁荣状况。因此，经济周期决定了任何城市对住房、购物中心、摩天大楼、城市进行更新和总体保护的速度和强度。这些周期非常独特，周期长短也不尽相同。看起来，在西方，似乎每隔10~15年就会开始新一轮建设周期；这些周期基于过度投机，是与经济快速增长相关的高流动性和低利率的结果，而经济的快速增长在达到顶峰之后，繁荣就会转变成萧条。[34]在很长的一段时间里，世界在繁荣和衰退间循环，衰退则以经济大萧条为标志。正如我们将看到的，这些过程与密集的摩天大楼投机买卖和建设的周期高度相关，至少在西方如此。然而，这种建筑已经发生了翻天覆地的变化。到20世纪80年代，发展势头已经开始转移到亚太地区的新兴世界，特别是新加坡和中国香港——它们有建造高楼的传统，以表明它们的世界金融中心的地位——以及当时和现在的中国。如今，所有超过200米的高层建筑中，约有70%位于中国的城市。然而，现在另一经济指标主导着这一发展。我们仍然生活在2007年大衰退的阴影中，但是经济政策与以前的时代已大不相同：很长一段时间以来，利率都保持在非常低的水平，这为土地和房地产的投机产生了大量资本。投机性的摩天大楼已经成为这些资金的主要接受者。与20世纪30年代的大萧条不同，摩天大楼的建设并没有因为大衰退而停止，事实上似乎反而在加速。

我们将看到全世界所有超过200米的摩天大楼高度，然后再看纽约市的情况：这些都明显标志着城市正在向上发展。有三个非常容易访问的数据库，分别来自房地产调查机构安波利斯（Emporis）、摩天大楼网页（Skyscraper Page）网站和摩天大楼中心（Skyscraper Center）。[35]我们将使用最后一个数据库，从中我们可以下载到最多的有关此类高层建筑的数据。关于这些数据，我们可以说的有很多，但首先，高度200米以上的建筑总数约为1 765栋，其中约609栋，即34%处于建设中，将于2023年完工。这是一个极大的比例，这表明最大的城市正在加速建设摩天大楼。这些世界城市并不仅仅向外扩展，这种向上建设的追求正在受到有影响力的项目、新的建筑技术，当然还有预期利润率的推动。事实上，如果我们看一下所有超过150米和100米的建筑（它们分别大约有2 000和4 000栋），正在建设的建筑所占的百分比要比最高的建筑小得多，大约为20%，这显示出很多项目都在竞争可能的最高建筑的称号。一个有趣但只能通过推测来进行的争论是，这种趋势是否会持续，或者更确切地说，在21世纪内，城市核心区是否会重新出现低层建筑。目前看来，似乎不会，因为像伦敦和巴黎这些CBD建筑高度最低的城市，也正承受着建造高塔的巨大压力。

1999年，安德鲁·劳伦斯（Andrew Lawrence）半开玩笑地（他在论文的开头引用了英国情景喜剧《故障塔》）提出了一个所谓的"摩天大楼指数"。这个指数是预测大衰退的指征，他认为这种衰退将开始的信号是快速的建筑繁荣，其中摩天大楼的高度被推升到前所未有的高度。[36]继劳伦斯之后，撰写了有关商业周期和此类建筑繁荣的文章的马克·桑顿（Mark Thornton）预测，这种繁荣将随着2007年计划在阿联酋落成的迪拜哈利法塔的建造而结束，而这也确实标志着大萧条的开始。[37]图6.6（a）展示了1900年以来每年建造的超过200米的摩天大楼的最大高度。这可以让大家大致了解一下，过去100年来，高层建筑的平均高度的变化。为了得到更好的图像，我们在图6.6（b）中绘制了每年新建建筑的最大高度，以及这些年中每年超过200米的建筑数量。这补充了我们图6.5中关于高层建筑的图像。我们从中能很容易看到，每次建筑繁荣和萧条的转折点，都标志着经济衰退开始的时间点。虽然这很难严格证明摩天大楼的增长是繁荣和萧条的最佳指标之一，但这些图确实印证了20世纪和现代的经济历史。事实上，2007年经济大衰退，与其他经济衰退不同，它预示着长期刺激性经济政策（所谓的宽松政策）和低息借款的到来，自这场衰退以来，摩天大楼的繁荣程度与劳伦斯指数几乎不相符。从经济角度来说，"这次是不同的"是完全可能的。这也许体现在这些高层城市发展的模式中，以及主导全球经济的所有其他重大的转变中，我们将在最后两章中更详细地讨论这些转变。

在第2章中，我们提出了思考未来城市的一大难题：大城市以及它们使用的空间最终会变成多大尺度。城市的规模分布由于定义上的限制而基本上未被界定，特别是对于最小的城市，我们通过研究城市的规模分布，用插值的方法得到了最难观察、定义和测量的

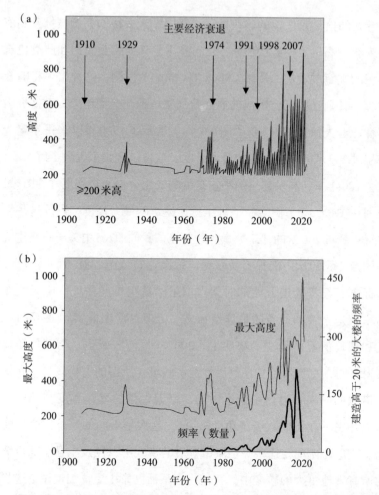

图6.6 1900年以来最高的摩天大楼的演变：（a）高度；（b）每年建造的频率

最小城市的大小，冒险提出了对城市总数的非常初步的猜测。我们可以对摩天大楼做同样的事情，这甚至更为重要，因为尽管我们确实对城市实际占据的土地面积有所了解（例如，从JRC的数据中），但是关于世界摩天大楼所包含的空间，我们几乎一无所知。事实上，如果我们能在摩天大楼的数量和高度之间建立起良好的联系，那么这便可以外推到所有高层建筑和所有（比方说）高于20米的建筑。为了探究这一点，如果我们观察摩天大楼的高度分布，会发现它们遵循齐普夫推广的典型位序–规模分布，[38]如第2章图2.6和2.7所示，这一定律也适用于城市。当摩天大楼的高度按其高度位序绘制时，如图6.7（a）中大于200米的所有建筑所示，我们从中发现了一种非常牢固的关系。由此，我们可以简单地将这一关系外推到远低于200米的高度，从而产生位序，得到大于给定高度的所有建筑的数量。我们认为一个合理的起点是20米，也就是大约五到六层的高度，大约有9 000万栋建筑超过或等于这一限制条件。随着位序的升高，对应的建筑数量减少。当我们的条件提升到50米（这是沙利文设计的布法罗担保大厦的高度）或更高的高度时，有120万栋建筑。在100米及以上的高度，有46 000栋建筑，而来到略低于我们研究的上限的高度——200米时，我们预测有1 280栋建筑。事实上，我们的数据库显示大约有1 765栋建筑：这个预测还不算太糟糕（但这只是对现在而言，而不是未来！）。事实上，尽管这种关系看起来相当牢固，但它比我们想象的要脆弱，所以我们在图6.7（b）中展示了频率（摩天大楼的数量）和它们的高度之间的关系。该图不仅证实了这种关系，而且帮助我们核验了生成的数字。我们不会重复进行这些操作，因为我们在此的意图不是进行统计分析，而只是给出一些提示，表明我们或许能够为城市规模提供另一种衡量方式。

这种分析确实给了我们一个可以开始计算全球建筑总规模的思路。虽然我们没有在书中展示，但是我们可以在高层建筑的层数和

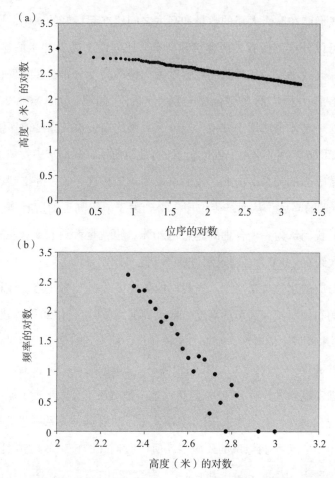

图6.7 摩天大楼高度数据的分布图：（a）位序–规模分布图；（b）频率分布

高度之间建立相当稳定的联系，并且通过对高层建筑建筑面积的估计和一些观测，从而可以猜测出与每栋建筑相关的可用空间的体积。将这些估计值与上述分析得出的高层建筑数量相乘，并考虑一些噪声对计算准确性设定的限制，我们就可以开始了解高层建筑所使用的空间。这本书的目的并不是详细研究这些问题，而只是简单地指出方向，因为在计算各种用途所占用的空间大小方面，还有许多工作要做。有很多关于可持续性、密度、紧凑性和扩展性的问题取决于空间使用和建造建筑的方式。除非我们能知道受影响的空间，否则我们对城市能源使用可谈论的内容很少；而要在真正意义上讨论紧凑性，则需要关于所使用空间的很好的数据。当然，我们可以在城市层面上做出更好的估计。为了总结这一章，让我们再一次看看纽约市，这一主导摩天大楼建设的地方，从而了解一下该如何在由高层建筑主导的城市探索这些问题。

　　各种数据库所记录的高层建筑属性——高度、楼层、土地使用和建筑材料，对于150米以下的建筑往往不完整。因此，对于纽约市，我们把我们的分析限制在150米高度以上。这个数据集中有274栋建筑；在图6.8（a）中，我们绘制了它们的高度与高度位序以及层数与层数位序之间的大小关系。高度数据几乎是一条完美的直线，但层数数据则有更多的波动。图6.8（b）是层数与高度的关系图，很明显，噪声很大，而且对于较小的建筑来说，层数与高度的关系变化更大。层数和高度的关系很复杂，但如果我们想要知道被摩天大楼包围的空间总大小，这就是一个重要的问题。我们还可以从这一数据中分别查看住宅和办公大楼的位序–规模分布，二者非常接近，同时也证实了图6.8（a）中所示关系的稳定性和质量。事实上，土地使用对规模没有太大影响。我们在图6.8（c）中重复了274栋摩天大楼的建造和它们随着时间推移的高度之间的关系，从这一剖面中很容易看到繁荣和萧条的变迁。1913年的大恐慌显而易见，大萧条也是如此，而"二战"期间则有很长的一段时间内几乎没有高楼大厦，直到20世纪60年代才再次起飞。1973—1974年的石油危机和20世纪90年代的经济衰退也清晰可见，但2007—2008年的大衰退更难识别。和世界其他地方一样，在过去十年里，我们似乎已经进入了一个全新的摩天大楼时代。可能，这次真的不一样！为了完成此图，我们在图6.8（d）中展示了巴尔（Barr）的曼哈顿地图[39]，很明显大多数摩天大楼都聚集在市中心和商业区。但正如巴尔所清晰揭

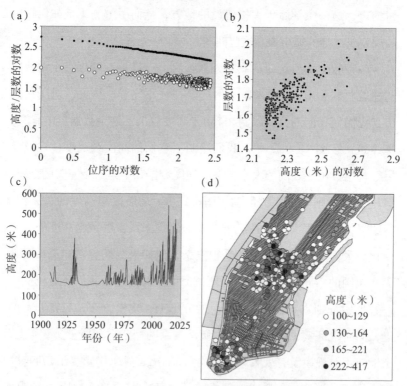

图6.8　纽约市的摩天大楼：（a）位序–规模分布图；（b）层数和高度之间的相关性；（c）高度随时间变化趋势；（d）曼哈顿的摩天大楼群。

示的那样，有关高层建筑建设也存在着地方性因素，这决定了建造
什么以及在何时何地建造它们。

## 接下来，我们将走向何方？

我们在本书中采用的城市研究方法有时被称为"物理主义"，这
是一种唯物主义，甚至是实证主义。这是一种观念，即我们可以从
与城市运行方式相关的物理形态的角度来理解决定城市基本经济和
社会结构的最重要的过程。这是自19世纪末，政府以提高城市生活
质量，特别是以解决快速工业化和城市化所带来的过度拥挤和不健
康的问题为目的，实行制度化干预以来的主导城市规划的一种方法。
然而，这种物质决定论多年来一直受到批评，因为它倾向于将物质
和图像凌驾于所有其他观点之上。物质决定论认为，更好的城市来
自对物质组成的重新排列，但很明显，它对城市生活所能实现的多
样性和差异性的认识十分有限。"物质"也被翻译成"空间"，并且
到目前为止，我们在这本书中讨论的大部分内容都代表了物质空间
连续体中的城市：在某种程度上，这两个术语可以互换。许多对物
质传统持怀疑态度的城市研究都关注一些不强调空间（有时称"非
空间"）的思想，而同时也存在着许多丝毫不把城市视作物质性的或
空间性的非空间方法。它们把城市视为一系列以多种方式展开的过
程的结果，而不是从外观和布局方式的角度来看待城市。这些对城
市的看法反映了城市的社会结构，在一定程度上也反映了它们的经
济结构。然而，无论采用哪种方法，都意味着城市在某些时候是一

种物质性的人工制品，并且归根结底，需要进行相应的处理。

  然而，关于这个传统也存在一个迅速出现的例外：数字时代迫使城市发生改变。如今，许多新的交流过程是我们在城市中运作方式所固有的特征，然而，总的来说，正如我们迄今为止一直努力指出的那样，这些过程还远未被理解。例如，电子邮件对人类活动和群体在城市中分布的影响总体上是不可见的，因为大多数此类活动都是个性化的。即使一些中央集权的政府可以使用这些数据，它们也很少分析不同的通信对城市中的不同位置模式的影响。与我们传统上所认为的通过物理网络来体现城市经济和社会功能的物质流相比，这些过程本质上是不可见的。这些过程一直以来都是城市形成的关键，同时，尽管遇到了很多困难，但我们至少能够测量一些城市。当我们将这些过程扩大化，使之包含所有现在影响着城市功能，但又令人捉摸不透的媒介，再形成综合理解就成了一件令人生畏的艰巨任务。在某种程度上，由于我们过去无法收集数据和生成跟踪此类交互的资源，许多通信过程一直以来都相当不透明。因此，令人遗憾的是，我们对当前城市结构的理解能力仍然不足。但是，在一个相较于过去，大多数新过程的可见性都低得多的世界里，试图从物理形态上创造理想城市，可能比过去那些由诸如柯布西耶和弗兰克·劳埃德·赖特等空想家设计城市的尝试更为异乎寻常。我们需要展望未来，这样我们就可以开始讨论城市如何根据所有这些新的数字媒体而改变。为此，我们将探讨智慧城市的出现，该问题反映了许多在第1章中提及的已经开始的转变过程，并将试图揭示关于未来城市我们所知道的、我们想知道的，以及我们的预期。

第 7 章

# 智慧城市的时代

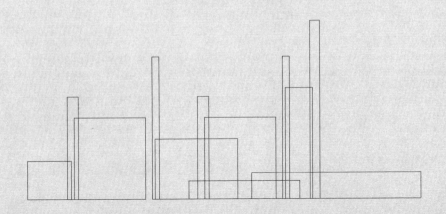

周期不是扁桃体那种可以单独处理的独立物件，周期更像是心脏的跳动一样，是显示出周期的有机体的本质。

——约瑟夫·熊彼特《商业周期：
资本主义进程的理论、历史和统计分析》

尼古拉·康德拉季耶夫（Nikolai Kondratieff）是列宁新经济政策的缔造者之一，该政策试图将少量自由企业引入到苏联于1917年建立时就开始实施的严格的经济管控中。在实施新政策的过程中，康德拉季耶夫发现了持续约50年的经济周期，这些周期始于并建立在体现创新和创造性发明的技术和资本密集型发展的基础之上，但最终成了自身成功的牺牲品。他认为，对重大发明的大肆开发导致生产过剩，进而致使需求下降，从而引发新一轮的创新浪潮，开启资本投资和扩张的新周期。在他眼中，这反映了马克思的资本主义劳动价值理论。康德拉季耶夫假定这些观点与列宁斯大林时期的经济政策相一致，这强化了资本主义制度必然从内部自我毁灭的观点。他的著作《大经济周期》（*The Major Economic Cycles*）出版于1925年，与他的思想转变同时，就列宁的新经济政策如何考虑这些长波阐明了一些观点。[1]后来，康德拉季耶夫因反对斯大林僵化的经济政策等而被捕，被判死刑。他试图确定一种重要的思考新技术如何补充和取代现有形式的方式，但只得作罢。尽管如此，在本章中，我们将发展他的观点，探讨随着21世纪的进步，数字革命将如何继续改变城市的本质。

如果约瑟夫·熊彼特没有在其经济史的探索中阐明他的资本主义理论，我们就不太可能了解康德拉季耶夫的许多事情。[2] 1923年至1939年，熊彼特出版了他的两卷巨著《商业周期》(*Business Cycles* )，以"创造性破坏"的概念为基础，通过资本主义制度本质的竞争性这一核心思想，详尽阐述了这些商业周期现象。我们在上一章中了解了重建，尤其是最大城市中的重建对完备的功能性资本——即建筑的破坏，在此基础上，新的形式得以被建造，这不仅使得新技术得以实施，还能提高盈利能力。[3]这类活动的最佳案例出现在世界金融之都，在这些地方，引人注目的建筑在它们的功能远未达到使用寿命时就已不断地遭到破坏。但正如我们可以把城市想象成有机体而不是机器一样，熊彼特认为，这些周期表明经济中的变化是一系列功能演变的体现，其特征是反映技术和社会生活相互作用所产生的特定进步路径的上升和下降。这一演化经济学思想反映在本章开头引用的他著作的开篇观点中。[4]

在许多经济发展理论中，周期性波动的持续时间不同，熊彼特本人也接受了那些比康德拉季耶夫提出的50年更短的波动周期。在本章中，我们将探讨的是，尽管这些波动明显存在，但变化正变得越来越快：这些波动周期越来越短，也许还会变得越来越多、越来越强烈，即振幅和频率会不断增加。事实上，我们认为这些波动正开始相互融合甚至合并，这促使城市发生演变，特别是通过具有破坏性以及"创造性"破坏性的新技术演变。我们将在下文中推测这些新的变化模式在推动21世纪城市结构调整的过程中所产生的新技术和不平等。在此之前，我们将概述20世纪推动数字技术发展的关键思想，从电力起源到数字计算机的发明，再到现在由各种各样深层次的数字数据、基础设施以及定义现代技术的交互式接口所支撑的信息社会。

康德拉季耶夫本人定义了从工业革命开始的三次周期性波动。首先是以内燃机为主要创新的蒸汽动力的发明，这一时期大约从1775年持续到1825年。第二次波动大约从1825年持续到1875年，开创了铁路电力和大规模制造业的时代。第三次波动是电力时代，结束于康德拉季耶夫提出他的分析时，大约从1875年持续到1925年，也可能稍晚一些，直到大萧条时期。在康德拉季耶夫之后接手挑战的人认为第四次周期由汽车、飞机生产和早期计算机技术主导，这一周期一直持续到1975年个人计算机的发明。第五次周期始于1975年，到现在结束，由全球通信和遍及各方面的计算所定义。[5]

这些时间段及其主要原因和结果的标签存在相当大的模糊性，但在本章中，我们将论证第六次康德拉季耶夫周期性波动将与应用于城市、医学、安全和日常生活许多其他方面的数字技术密切相关，尽管从现在开始，大规模自动化将定义社会。事实上，我们推测第六个康德拉季耶夫周期是智慧城市的时代，正如本章题目所述，当然，根据不同研究者的兴趣和观点，该周期可能还具有其他特征。在通往未来的道路上，这些波动正在重叠、加强和融合，现在看来，21世纪将以一系列技术革命为特征，而这些技术革命将把我们的世界变成一个由不断的发明、创新、创造性破坏和混乱所组成的世界。

我们将在最后一章讨论这些猜测。在这一章中，我们将从所有城市如何拥抱这个"智慧"数字世界的角度来描绘更宏大的背景。

在此，我们将概述关于城市的时空连续体是如何被我们用来交流的技术以及我们交流的内容的变化所扭曲的。在这个意义上，我们研究了空间结构和距离在多大程度上改变了当代城市，详尽阐述并扩展了第4章中介绍的威尔斯命题[6]。在某种程度上，这体现了从18世纪末第一次工业革命开始，并在信息技术革命中继续飞速变革的大转型的主要特征之一。这种科技使城市变得"智能"的想法正在普及。在前几章中，我们含蓄地介绍了这一概念，但在这里我们将其发展为一个范式——一种将城市视作可计算系统的方法，在这一系统中，计算机和通信开始融合并首次渗透至公共空间。然后，我们将回到康德拉季耶夫周期，论证当前的第六个周期可能与信息技术在城市中的传播有关，同时强调这些周期是如何开始融合的。就像前面几章提到的那样，当它们压缩时，它们看起来像在向"时间奇点"汇聚。[7]这为我们的最后一章设置了场景，在终章中我们将对21世纪末城市将会是何种面貌提出推测，或者更确切地说，讲述我们希望它看起来是什么面貌。

## 距离的消解

自工业革命开始，首先是基于运河的水路运输发展，然后是铁路的出现，许多评论家都谈到路程距离正在逐渐缩短。随着蒸汽动力对船舶技术的彻底变革，城市内部和城市之间，以及大陆之间的出行所花费的时间逐渐压缩，人们开辟了新的居住地、新的贸易市场以及新的开发资源。事实上，美国西部的开发就是这种距离压缩的生动证据，在这一过程中，移民潮与出行时间所覆盖的距离有关。到目前为止，在这本书中，我们已经介绍了一些非常简单的原则，与我们如何理解通信、连接和距离对城市空间结构产生影响的传统智慧有关。我们在第 3 章中介绍的标准模型提供了一条基线，它表明城市活动是根据它们支付城市中心附近土地租金的能力，以径向同心圆的方式围绕市场核心（即CBD）组织起来的。这导致城市密度和强度逐渐下降。随着人们使用新的交通技术越来越远离CBD，城市得以扩大，容纳的土地面积成倍增长。从这个意义上说，一旦出现能够缩短距离的新技术，城市就能够突破100万人口的限制。

　　到目前为止，我们已经通过几种方式详细阐述了这个标准模型。第 5 章介绍的关键基本原理可以追溯至威尔斯。尽管威尔斯"一个国家人口的总体分布必须始终直接依赖于交通设施"的观点在事后看来是显而易见的，但在他提出该命题的时代，人们对于技术对距离的影响只有模糊的认识。[8]随着移动我们自身的技术、我们使用的材料，以及我们传递的信息（这在当前的时代尤为重要）的改善，我们在更短的时间内走得更远了，城市开始以上一章中详细罗列的方式进行扩张。但是，在研究很大程度上看不见的技术支撑的城市时，要弄清楚这些技术的影响就变得更加困难。威尔斯的观点在一个城市变得更加复杂，其组成部分却变得不那么明显的世界里显得尤为突出：距离的作用正在改变，但并未消失，当然其重要性也并未减弱。

对于未来城市的形态和功能如何受到新技术的影响，还有一条值得注意的原则，可以给我们提供一个类似的但更为间接的印象。在写于近50年前的一篇关于模拟底特律增长的技术性论文[9]中，沃尔多·托布勒阐明了他所谓的"地理学第一定律"。他写道："任何事物都与任何其他事物相关，但相近的事物的关系更紧密。"新技术的影响让相隔甚远的事物越来越近，这意味着在规模越来越大的城市，能得到的机会范围也越来越大。由于技术提升了我们的移动速度，这种距离的压缩似乎意味着我们将获得更多的机会以增加财富。事实上，一旦我们能够几乎瞬时地进行通信，正如当前的数字技术允许我们通过社交媒体、电子邮件、网络访问等方式进行沟通，那么对于完全只依赖数字技术的活动来说，距离就"湮灭"了。实际上，当网络在20世纪90年代初首次出现时，凯恩克罗斯在提到电子邮件和网络对商业和社会生活的影响时，就重新使用了"距离之死"一词。[10]事实上，就像是马克·吐温对他自己死亡的报道的评论一样，这种"死亡"被"过分夸大了"，因此凯恩克罗斯对托布勒的第一定律提出了一些限制，他表示，在某些情况下，距离不再重要。

这涉及我们在第3章中提到的"现代都市的悖论"，出自爱德华·格莱泽。这表明，随着远途连接的成本或时间的下降，任何大都市地区的可达性都变得越来越重要。[11]简言之，不同地方在可达性方面并没有变得越来越相似，反而最大、最密集的地方，例如城市核心，变得更加重要。50年前，阿尔文·托夫勒（Alvin Toffler）等未来学家认为，随着出行成本的下降，活动可能会分散到偏远地区，人们将不再在人口最密集的中心工作，而是住在电子化住宅里远程工作，这样的图景将成为时代潮流。[12]E. M. 福斯特（E. M. Forster）的中篇小说《机器停下来了》（*The Machine Stops*）写于1909年，它描绘了这样一个世界，在这个世界中，每个人都能通过通信的方式自给自足，因此相当孤立。[13]事实上，从工业革命开始到今天的世界的演变过程，已经变得与这样的描述完全相反。随着城市越来越大，以及我们之间联系越来越紧密，面对面的交流变得越发重要。城市看起来并没有像福斯特和威尔斯在一个世纪或更久以前所设想的那样扩张。

　　距离和时间转变的这种联系，是通信革命以及它们与计算融合的直接结果，已经被戴维·哈维（David Harvey）定义为其《后现代的状况》中所称的同名概念的关键组成之一。[14]他把随着全球化进步，通过不再局限于陆地和由自然地理和气候决定的特定路线的技术，物理距离缩短、空间收缩的现象称为"时空压缩"。图5.8（d）展示了通过脸谱网产生联系的全球模式。关于这种全球流动，现在已有无数描述。随着技术的不断发展，这种对空间和时间的扭曲可能非常深刻。随着世界以这种方式缩小，我们需要新的表达模式对其含义进行可视化。因此，我们的关注点必须稍微偏离大多数关于当代城市形式和功能讨论常用的"平面"地图。这主要是因为，迄今为止我们对城市的理解和规划都依赖直接的几何和地理表示，但如今我们已经越来越难看到如何将大规模的信息技术个人应用简化为这些直接的几何和地理表示。

　　在下一章中，在探索未来城市是如何被创造的时候，我们将使用这些原则来构建基于一系列导致数字革命的技术的理想化世界。如果我们消除一切决定城市结构的距离，形成一种完全流动的形式，在这种形式下，通信是即时的，那么城市将如何改变呢，我们将对此做出推测。在这样一个世界上，任何人都可能生活在任何地方，但地理位置仍然取决于社会偏好，以及我们孩提时代最本土、最持久的地方经历的重要性。很可能，界定城市的任何类型的集群的关键性决定因素都基于我们聚集以及与他人交往的需求，并不是出于经济动机，而是出于社会交往。家庭的中心地位，以及我们在孩童时期生活在小规模、亲密空间的事实，很可能是继续把城市凝聚在一起的黏合剂。我们只是不知道情况是否会如此。

在进一步研究之前，我们需要探究这个数字世界和智慧城市是如何从20世纪中叶开始出现的，它甚至也可能从工业革命就开始了。我们将论证，这一巨大转变不是以工业化为主，而是从原子到比特，从以能源为主导的世界到以信息为主导的世界的更深刻、更持久的转变的一部分。为此，我们将从一些关于计算机的原始陈述开始，这一时期的计算机被定义为通用机器，在80年前或更早之前由诸如艾伦·图灵（Alan Turing）和约翰·冯·诺伊曼（John von Neumann）等先驱首次阐明。[15]

## 信息革命

用基本的二选一的组块，如0和1、正和负、黑和白、是和否、开和关来表示现象的思想，深植于人类发展过程之中。在有记载的历史中的不同阶段，这一概念已经出现，但直到人类发现了电，它才成为我们最重要的表现手段。在第一次工业革命中，随着机械技术的发展，人们开始认真尝试建造能够操纵这种基本编码的模拟机器。查尔斯·巴比奇（Charles Babbage）的差分机和分析机引擎，从19世纪20年代开始建造，但直到1871年他去世时仍未完工，这些机器引擎是计算机发展的先锋。但直到第二次工业革命期间，人们认识到可以用电脉冲来表示0和1的区别，数字计算机的发展前景才出现。让我们来简单地回顾一下相关历史和理论。将过去250年分为四次革命的想法主要来自施瓦布（Schwab），[16]他认为第一次革命到1830年前后结束，与机械蒸汽动力有关；第二次革命结束于1920年前后，与电力有关；而第三次革命结束于20世纪末，与计算机和信息技术的发明有关。我们现在正处于第四次革命中，它本质上是机器智能、智慧城市、数字医疗保健和信息设备大规模涌现的时代。我们注意到，这与下文提到的康德拉季耶夫周期相吻合。

有一些人，例如克劳德·香农，提出二进制代码具有表示现象的能力，这一想法也得到了一个有先见之明的推测的支持。"二战"前后，艾伦·图灵证明，基于使用二进制系统对计算指令进行编码的数字计算机本质上是一台通用机器。随后，万尼瓦尔·布什（Vannevar Bush）描绘了一台侵入个人生活各个方面的机器，他认为个人计算机出现的过程将是世界数字化的过程。使计算机变得普及的有两项发展。首先是晶体管的发明，这导致了计算机急剧的微型化发展，其过程被总结为摩尔定律。[17]在过去的50年里，这条定律表明，硅芯片的存储器和处理能力每18个月就会翻一番，其成本则每18个月减半，而如第2章所述，这一发展趋势几乎没有减缓的迹象，更没有停止的迹象。第二，计算机与电信的融合使得人们能够获得的可计算的信息也以同样的势头迅猛增长。这两项发展对于计算设备的数量大规模激增、体型的缩小以及它们彼此的连接都至关重要。如果没有其中任意一项，我们都无法论及信息社会，当然也无法论及智慧或自动化城市。

在某些方面，分别与机械和电力有关的第一次和第二次工业革命对于当前的信息处理革命而言至关重要。关于过去250年（甚至早在公元元年之前的古典时期）的工业发展，有一种可信的解释现在似乎表明：旧世界和新世界之间的巨大鸿沟的特征就在于从物质和能源世界向数据和信息世界的过渡。从某种程度上说，最明显的迹象就是我们所说的大转变。大转变之后，新世界的城市和社会很可能与旧世界完全不同。正如上文所述，事实上，这一点很明显，在内燃机和其他机械技术出现之后，城市人口增长就突破了100万左右的限制。现在，随着信息技术的发展，对尺度的物理限制会有新的可能。

我们可以用几句陈词滥调来概括这些不同的力量，这些陈词滥调经常在最随意的意义上被称作"定律"，我们在第1章中简要地提过。这些并不是硬性的、不变的物理定律，因为它们明显依赖于社会环境，不过它们确实为衡量信息技术对城市和社会过去以及未来的影响提供了简单的法则。当然，这种转变的核心是摩尔定律中所体现的微型化。1965年，在英特尔公司工作的摩尔致力于集成电路开发，基于在公司中的实践与观察，在1965年首次提出了一条定律。

这就是摩尔定律，它对于计算机存储器和计算的迅猛发展都至关重要。毫无疑问，目前依赖于对简单规则的连续迭代以从计算中提取一定程度的智能的人工智能的发展，对于我们当前预测工作场所大规模自动化的情况和许多中层职位是否会消失而言至关重要。而这个过程本质上取决于摩尔定律。[18]

　　另一条同样重要的，关于计算机如何相互联系的定律，对于这一设想的完整性也不可或缺。这一定律叫梅特卡夫定律，以1974年在施乐帕克研究中心首次开发出以太网的开发者的名字命名，它表明，"网络的价值与节点数量的平方成正比"。简而言之，随着计算机数量的增加和计算机联网，以网络处理的信息量来衡量网络的价值，就会发现网络的价值在以指数方式增加，至少正比于作为网络中节点的计算机数量的平方。这是吉尔德对梅特卡夫定律给出的形式，尽管其精确形式曾遭到过一些经验主义上的批评，但它仍然让人产生这样一个观念：可计算社会不仅仅是关于计算机本身的，更是关于计算机如何连接以及从这些网络中所产生的规模经济的。[19]当图灵和布什写出他们开创性的文章时，几乎没人预想到这一点，在某种程度上，这让整个世界都感到惊讶。当然，事后看来这一切似乎如此显而易见，我们应该将可计算设备连接在一起，以将其处理能力扩展到很大的范围内，但是直到它开始发生时，我们才预料到这一点。

　　还有另外三条建立在网络连接基础上的定律。吉尔德定律（Gilder's Law, 2000）表明，通信系统的总带宽每12个月会增加两倍。这比摩尔定律快得多，而且由于数据难以集合，并且总带宽是一个模糊的概念，这一定律尚未被精确地拟合。第二条是萨尔诺夫定律（Sarnoff's law），它表明广播网络的价值与其观众数量成正比，这可能被解释为梅特卡夫定律的下限，再次表明价值的概念需要更明确的定义。

在某种程度上，所有这些定律都是"随意编造的"。用一个更奇特的注释来总结的话，就是第五条定律——扎克伯格定律（Zuckerberg's law）。脸谱网的创始人在宣传他的社交网站时宣布，人们每年分享的信息量将会翻一番。[20]这一点相当重要，因为它将关注点从计算机和网络硬件转移到人和信息，而这对于计算机和计算在当下乃至未来社会的全面普及都极其重要。当然，数据是下一个前沿领域。很可能有人会创造出一系列数据定律，这些定律与指数增长，事实上是超指数增长有关，这种增长表征了我们当前使用联网计算机生成数据的能力，而网络计算机的数量和速度本身正以指数方式增长。事实上，所有这些定律对于过去的社会和现在的社会似乎都是正确的，只是信息在过去与物质交易联系得更紧密，所以更难提取。按照尼葛洛庞帝的说法，那时比特更难从原子中分离出来。[21]

现在很明显，一个完全联网的世界几乎已经出现。在这种情况下，在所有可能的设备上进行的计算类型将决定这个网络的形式和功能。因此，这取决于使用这些设备尝试和实现什么，这直接映射出传统功能被自动化、替代或补充的程度，以及这种新的数字化如何产生当前不存在的新功能。我们对这一切的影响还不是很清楚，特别是对于传统城市的物质形态和功能方面。事实上，城市的每个方面以及我们在城市中的活动都受到了数字技术的某种影响，因此许多关于智慧城市的写作和评论都采用了一种夸张的方式，把所有可能受到新信息技术影响的可见事物都联结在一起。

在过去的10年里，大约从大衰退开始的时候起，智能手机就已经出现了，并且越来越广泛应用于工作、家庭和娱乐活动，具有存储（银行业）、生产、消费、各种电子邮件和社交媒体等多种日常功能。现在，信息可以远程存储，并且通过语音激活和交互，我们已经迅速过渡到一个与各种服务相关并存储在各种各样的档案之中的信息都立即可用的世界。远程服务器作为无处不在的"云"的一部分，现在已成为常态，甚至对于仍然与位置密切相关的计算类型也是如此。代表了过去60年来出现的一系列计算机技术的大型计算机、超级计算机、微型机、台式机和移动设备之间的传统硬件差别仍然以各种形式存在，但是这些差别是模糊的，甚至对于科学计算来说也很模糊。现今，表征当代社会的计算种类也在迅速演变，计算机和传感器之间的界线也不再特别清晰。有时被称为"栈"，有时被称为平台的组织正在出现，它们通过整合包含从数据到硬件和软件，再到应用程序的信息技术的供应链，在极其多元的领域内扩展我们的计算能力，这种扩展还包括从信息技术如何起作用到如何管理的所有方面。在当下的世界，智慧城市随着当前的数字革命浪潮而出现。在我们进一步描绘它的进展之前，我们需要良好、稳健的理论，因为没有理论，我们就很难理解完全由计算机、计算和网络主导的环境。我们现在就来讨论这一话题。

## 定义智慧城市

在过去的50年里，我们对城市的看法发生了转变。正如我们迄今为止所讨论的，我们认为城市更像是有机体，而不是机器。生物学已经取代物理学成为主要的类比对象。城市自下而上发展，我们认为它的模式是数百万人推动的产物和结果，哪怕自上而下的规划存在，它通常也是短暂的。尽管为解决不同规模的城市问题而做出的不同类型的集体规划通常不具有任何持久的连续性，但对于阐明我们需要设计的未来而言，它们仍然至关重要。通过关注自下而上的决策，我们想表达的是，当一个人从整体上观察一个城市时，很少有集体规划可以在较长的时间段（如几十年或几个世纪）中产生可见的物理表现，但城市仍然囊括了不同规模、各种各样的规划。前几章中提到的理想城市，都只是为了方便而虚构出的图景，是几乎从未实现的愿景，而试图建造理想城市的尝试总是短暂的、不完整的，并且最终都被放弃了。

当然，这种缺乏自上而下规划的情况早已为人们所知。它与快速发展的工业化给城市带来的问题有关，尤其是在19世纪，这些问题是推动全面制度化规划的首要力量。但是，规划又增加了一重复杂性，而日益增加的复杂性自大约5 000年前城市出现以来，就已成为城市明显的特征。随着时间的流逝，新技术被发明，通常由增长的财富所决定的新行为形式出现，新形式覆盖在旧形式之上，打破了旧形式，但从未完全取代它们。因此，这些技术的最新数字浪潮正在改变我们的关注重点——从城市的物理形态转移到技术如何通过自动化实现更好但不可见的通信。这就是所谓的"智慧城市运动",它实际上是从数字计算机的发明开始的信息技术革命的最新阶段。站在21世纪初的时间点上看,当前城市中计算机和通信的表现只是数字技术大规模扩散的最新阶段,且没有停止的迹象。

　　智慧城市从本质上确保了计算机和通信嵌入到城市结构中。"智慧城市"这个词第一次出现似乎是在大约25年前由吉布森(Gibson)、科兹迈茨基(Kozmetsky)和斯迈勒(Smilor)编写的《科技城现象:智慧城市、快速系统、全球网络》一书中。[22]此外,人们还提出了其他描述这类城市特性的术语,如智能城市、有线城市、虚拟城市、信息城市,甚至电子城市。我们将不加区分地使用所有这些术语,来强调计算机如何以硬性和软性方式嵌入城市结构。[23]长期以来,"智慧"(smart)一词一直用于描述计算机可以智能地在多种用途中发挥作用的事实,而最近一波支持我们计算和远程访问数据的设备,让我们得以通过极其快速地访问不断增加的信息量来展示这种智能。总的来说,目前智能城市所特有的自动化类型,只有在我们自己智能地使用它们的情况下,才是智能或智慧的。具有潜在智能的仍应该是我们自身,而不是我们所使用的设备,尽管有很多猜测认为,与我们自己的天然智能相结合的各种形式的人工智能,可能会在不久的将来显著增强我们的行为。而令人清醒的是,这种情况永远都是在"不久的将来"发生。迄今为止,除了关于"深度学习"的大肆宣传和语音激活设备的使用激增,使得人们可以几乎以会话的模式进行网络搜索之外,这方面的进展并不大。

　　如果我们接受城市基本上是自下而上建造的观点,那么城市可能变得更"聪明"（鉴于我们倾向于将集体行为拟人化）的程度取决于我们每个人都有智慧地行事。从这个意义上说，使城市智能化的宏伟计划与其他任何宏伟计划并无不同，而且很可能也是短暂的。我们可能不认为我们的许多行动是宏伟计划的一部分，但无论我们对城市采取何种理性观点，无论我们采用的是单独还是集体的形式，改变城市的决定最终都植根于个人。因此，我们对"最智慧的城市是哪个（在哪里）"这个问题的第一反应是，这个问题没有永恒的答案。可能有一些令人印象深刻的策略可以使城市的某些部分自动化，而且这些策略有时可以被有效而仔细地整合在一起，巴塞罗那这样的城市就是典型例证。还有许多新的城镇在各个领域都建立了广泛的自动化系统，如阿联酋的马斯达尔和韩国的松岛。[24]然而，这些只是自动化中的极小部分。还有一些有关城市自动化的长期战略深深地植根于国家综合规划之中（新加坡就是这样一个信息化社会的典型原型），但是，组成这种自动化的使用方式才是弄清城市智能化程度的关键。[25]如果城市发展的本质是个体行为，那么一个城市只能像它的市民一样聪明。在一个全球一半以上人口拥有智能手机的世界里，甚至有人可能会说，最智慧的城市就是拥有智能手机数量最多的城市，不管是绝对数量还是人均数量。

然而，要真正回答这个问题是不可能的，因为包含智慧城市运动的这场变革正代表着越来越关注个人的数字技术的更广泛的传播。如上所述，智慧城市运动只是信息处理领域全面变革的最新阶段。到目前为止，它最切实可感的形式是将计算机技术及其控制嵌入建筑物、道路等物理的人工制品中。事实上，将可计算设备小型化到手机的规模，为移动中远程访问计算提供了一种非常明确的方法。如果我们眼中与城市联系在一起的大部分智能都是由我们自己获得和创造的，那么从表面上看，智能手机的数量应当是衡量智能化进度的一个很好的手段。但在某种程度上，这是一种幻想，因为这些设备是可移动的。简而言之，智能四处转移，使得智慧城市更像一个移动的目标。

因此，"最智慧的城市是什么（在哪里）"这一问题不仅没有答案，甚至在定义上就是模糊的，这主要是因为智慧或智能是一个过程，而不是一件人工制品或产品。诸如"在哪里可以找到城市中自动化公共服务最大的集中点""连接不同类型的能源供应的最综合的组织结构在哪里"或者"哪里为乘客提供了最有效的在线信息"这类问题可能会有答案。但这些问题都非常具体，而甚至这些问题的解决也取决于当地的情况。从某种意义上说，任何拥有并能使用可联网的智能手机的人都是智慧城市的一员，到21世纪末，这可能就是"每个人"。[26]当声音成为与这些技术互动的主要手段时，我们可能就不再谈论智慧城市了，因为到那时，智慧城市已经牢固地融入我们所掌握的信息技术的本质之中。智慧城市的本质就在于定义它的技术。在我们描绘任何形式的进展之前，我们必须稍微偏离一下主题，探究一下该技术的本质以及它是如何变得个性化的。

## 理论观点

毫不夸张地说，有多少人在研究城市结构、管理城市组织或参与城市设计，就有多少种关于城市本质的看法。城市接受多元观点和多样的理论，因此当一组新技术出现时，出现新的流行观点来思考如何将这些技术落实并嵌入城市以及它们可能会如何改变人类行为也不足为奇。在诸如手持设备和小型传感器等高度可扩展计算机的背景下，此类产品的销售力量也很强大。随着这些设备的普及，商业伦理正在迅速推动我们转向智慧城市。这意味着企业界常常处于推广智慧城市的最前列，其结果是，许多天花乱坠的宣传都涉及城市及其各个部分如何实现自动化的最显著的方面。

如果你从市政当局、政府、大型信息与通信技术公司、咨询公司等撰写的许多关于智慧城市的报告中挑选出一篇，或者研究一些激发关于智慧城市产业的讨论的会议，你将会对讨论主题的随机性感到震惊。这些讨论很少有什么强有力的内部秩序，并且总是仅仅反映城市中最明显的组成部分和活动。此外，基于城市组成部分的主题列表并没有真正关注自动化过程，也不关注这些过程可能会如何改变人口在城市市场的行为方式和治理模式。不过，对于这些技术如何集成——在共享软硬件和用于将各种数据和计算联系在一起的网络性能方面——却有很多猜测，甚至还有一些为城市构建整个操作系统的奇思妙想。这有可能是任何人的猜测，因为操作系统需要建立在人们对于城市中的操作焦点有共识的基础上。共享这个概念也经常与数据和软件联系在一起，并且常常分布在将各种系统连接在一起的"平台"上。从这些角度所写的许多关于智慧城市的文章实际上并没有提出任何比整合和协调的意愿更为通用的建议。随着巨量信息与通信技术的发展，集成可行系统越来越少，它们之间的距离也越来越远。迄今为止，智慧城市的存在在很大程度上是特设的，更多地是为了表达一种意图，而不是实际的实施。它带来的更多是争论，而不是启示。[27]

　　绝大多数关于智慧城市的文献所指出的内容，主要源于非学术部门，并非基于任何关于城市如何运转的独特理论，甚至没有讨论如何管理或设计。它们往往以传感器、计算机及其伴随的网络能被开发和销售的地点为基础，并以移动性和潜力为主要主题。向居民提供的服务在这种组合中也很重要，不过这些服务总是包含从区位服务到传统上由公共部门授权提供的市政福利。网络安全涉及从区块链到比特币的方方面面，最近已成为智慧城市的一项关键功能，与此同时，金融服务、涉及网上购物的零售业和市场营销则往往处于这一框架之中。废物、污染、各种公共基础设施和网络系统也是自动化的候选对象，但是很少有人关注它们如何与人口需求和基础设施供应相结合。对数据的关注，特别是对直接关系到城市的实时流动和自动化功能操作的开放数据，以及对现在所谓的"大数据"的关注同样非常重要。但是，所有这些因素合起来并不能给出一个全面描述，无法说明一旦在此所提及的自动化大规模实现后，智慧城市将如何运作。通过各种参与式对话和众包来与公众互动，从而将观点、个人创新、对政策的响应收集到新数据中，也是智慧城市所能带来的新环境的例子。这方面的讨论有时会主导思考，但所有这些观点和焦点都倾向于强调城市的当前运作和日常运作，相对忽略了让环境更加宜居和更加公平的长期目标。

　　这些讨论往往建立在经济持续增长的隐含背景之下，而对于可能实现自动化的功能中，哪些是重要的、可行的或合理的，则几乎不做分辨。大多数讨论往往对最有可能实现这种自动化的有效组织结构保持沉默。很少有人讨论城市是如何按照市场为活动服务的方式运作的，也不怎么讨论如何在空间上分配交通资源。对于出现的传输数据和信息的新型网络，则完全没有相关讨论。就对智慧城市的影响而言，电子邮件、网络、无数其他的固定有线网络和无线网络以及GPS（全球定位系统）和相关技术几乎就像是不存在一样。然而，事实上，智慧城市正是因为它们才成为可能。与此同时，关于智慧城市的学术评论同样缺乏。只有一个例外，那就是安东尼·汤森（Anthony Townsend）的《智慧城市：大数据、互联网时代的城市未来》（*Smart Cities: Big Data, Civic Hackers, and the Quest for a New Utopia*），[28]虽然这本综述更多地聚焦于历史，而不是未来的行动，但它从市民、规划者和产业的角度对关键问题进行了非常好的讨论。

　　智慧城市的争论，更凸显出了我们在第5章中讨论的城市的时间动力学。虽然与城市日常运作相关的组织和管理职能过去一直存在，但大多数的城市研究方法都集中在城市在几年和几十年的时间跨度上的运行与发展，而不是像分钟、小时或天这样更精细的时间段。城市的日常功能正在快速实现自动化，因此智慧城市运动更倾向于强调短期动态而非长期动态。虽然大多数关于城市发展的个人决策可能会在很多时间段内产生影响，但这些个人决策都是实时发生的。正是这种时间段的混合，凸显出了一种对更清晰的理论视角的需求，从而探索、理解和预测自动化对城市的影响，而这需要一个比我们迄今为止所开发的更完整的探讨自动化的框架。事实上，正如前面提到的，迄今为止，人们在理解和规划城市时并未特别强调动态性，这主要是因为人们一直认为城市处于平衡状态，而且城市的改进通常只是流于一种理想化的计划的表述，而没有任何实际的实施时间范围。如果有时间范围的话，这些都将只能在遥远的未来实现。因此，尽管智能城市运动的想法在很大程度上与理论无关，但它猛然将时间提上了议程，而这很可能会彻底改变我们计划的方式和内容。

随着数字技术在世界各地的普及，它们的自动化程度和影响力都不尽相同，因而不可能有一个始终一致的、包罗万象的智慧城市理论。然而，在这里我们至少可以暗示一种通用方法，它关注个人和群体是如何在城市中通过将群体在空间和时间上联系在一起的无数网络发挥作用的。正如我们在前几章中所努力强调的那样，城市的存在是为了把人们聚集在一起，人们之间的联系描绘出了多种网络。在数字时代之前，大多数网络都与物质和运输相关，但现在它们正被以信息作为新能源、以数据作为新石油的虚拟流所增强、补充和替代。在城市内任何地方所发生的事情，都取决于以此地为中心，来自此地或传至此地的人、材料、能源和信息所形成的网络。事实上，我们要对城市形成理解，必须将区位解构成将这些中心连接在一起的辐条，因为城市中最持久的变化取决于流入这些中心的是什么。所有这些都相当明显，并且我们在前文中也都介绍过。从某种意义上说，城市只能从其网络来理解的观念并不是一种新的观点，它是城市之所以存在的一个明显结果。但我们只能根据城市的网络而不仅仅是它们的区位来理解城市，这种想法出现得太迟了。[29]

这种城市网络观基于城市自下而上发展的中心原则。正如我们在本章的第一部分中所说的，相比为直系亲属或群体所做的决策，对通常为了自身利益的大量个人决策而言，自上而下的规划是罕见的。由此，我们可以将城市描述为由层层相叠的网络所组成，网络与网络之间也相连。在中世纪的城市，这些网络更为简单，但是随着新技术的出现，新的、不同形式的网络被发明和搭建出来。因此，城市的历史成为一系列快速增长的网络。[30]城市的网络一直以来都被主要视为社会网络，而当工业革命早期机械技术开始快速发展时，城市开始增长，城市的功能分离使得人们可以远程执行新任务。这些网络已经变得越来越全球化，不过在电话和相关的信息设备发明之后至计算机发明之前，世界中能被很容易地绘制出的范围都相当有限。而在过去的60年中，这一切都改变了；事实上，也许是在过去30年内，信息网络才开始大规模发展，但仅在过去10年中，大量的人才与信息网络建立联系。在我们现在面对的这个世界中，任何人无论身在何处，只要有一部和互联网连接的智能手机，就能在全球范围内访问大量信息，并与许多自己从未见过的人进行互动。当然，这对城市有着巨大的影响。事实上，智慧城市是一组网络，其真正的变化来自这些网络的使用。当每个人都与其他人相连时，我们将会看到越来越多的网络变体相互叠加，它们以奇怪和复杂的方式交织在一起。这种复杂性正是智慧城市带来的，而我们至今几乎没有科学理论来应对它。

## 智慧城市的范式

　　有些人可能反对把智慧城市作为一种范式来建立，因为它可能过于信任改变整个生活方式的长期力量了。但是，新信息技术带来的城市形式与功能的分离，与我们在当代世界之前遇到的现象都大相径庭，这表明我们需要一种新方法。对于以前的城市、第一次工业革命和第二次工业革命产生的城市，以及现存于第三次工业革命和第四次工业革命中的城市，我们需要使用新方法加以区分。之所以称之为范式，是为了清楚地表明，我们认为这是一种比目前任何其他方法都更为完整的描述智慧城市的方法，其他方法往往不包含任何关于城市是如何作为复杂实体运行的理论概念。[31]这个范式非常简单，我们首先会明确区分存在于我们感知外部的城市，以及我们对城市的理解（这对于我们可能采取的任何干预措施都是必要的）。这就是城市的现实与我们关于它的理论之间的区别。我们的理论可以来自任意角度，但它们包含某种形式的抽象，使我们的城市模型不同于城市本身。

　　我们在第5章中预见到了这些区别，该章重点关注实时城市，探索其各种时间动态。但图7.1中的图表更好地说明了情况，它以一种闭环的方式展示了现实和我们对它的抽象：我们从真实城市中获取数据，并从中形成了我们的理解；同时，我们通过管理和设计来控制真实的城市，从而改变城市，这反过来又反馈给我们，体现为从城市中获取的数据的变化。从这个意义上说，这个循环至少包括两个环路：其一是以城市作为研究对象以及我们假设主体的科学方法，这是我们理解的理论基础；其二是管理和规划的过程，即我们在城市运行的同时通过设计改变城市的过程。事实上，我们可能会将第二个环路分成两个部分，一部分涉及实时城市的运作，另一部分涉及其设计。实时环路的循环时间通常比设计环路要短，前者主要关注我们称之为"高频城市"的部分，后者主要关注"低频城市"。我们没有在图7.1中呈现三个环路，只显示了一个环路，但是请注意，它具有这三重含义。

这种论证的后果是，智慧城市的起始日期很难确定，如果智慧更多地与我们自己而不是我们的计算机联系在一起，那么溯源更是无从谈起。然而，考虑到20世纪90年代网络出现之前的世界，计算在很大程度上与影响图7.1中循环的两组功能相关。首先，计算机几乎从一开始就被用来建立城市等复杂社会系统的模型，因此很早以前就成了旨在更好地理解城市问题而发展起来的、结构松散的城市科学中的一部分。这些模型在过去和现在都高度抽象，主要集中在决定城市如何运作的关键因素上。它们经常用于预测规划带来的结果，实际上这是它们最初的理论基础。第二种用途是计算机在管理复杂系统或控制其部分方面的应用。在很大程度上，这涉及事务处理，不过也包含控制和优化紧急服务和公用设施等城市功能的早期尝试。[32] 此外，在非常有限的范围内，出现了计算机在设计中的第三种应用——设计，但在网络和计算机图形处理能力迅速提升之前，这种应用微不足道。直到现在，计算机辅助设计才达到了很大的规模，不过其中大部分与城市规划本身无关。

在20年之前，开发支持人们理解、管理和设计城市的计算机模拟的进展一直非常缓慢。然而，在计算机尺寸缩小到个人设备可用于交互式控制的水平，并且传感器网络变得足够强大，能够提供实时控制以后，将计算机嵌入城市结构中，而不单是用它们来理解和管理城市就成了现实。图7.1中的两个灰色框表示，一旦这种嵌入随着网络的发展而开始发生，那么通过科学进行理解、管理和控制，以及设计这三个现在就已实现的功能的整个图景将彻底改变。[33]首先，从这种嵌入方式中所获得的数据是实时的，而且哪怕没有实际连接到实时控制，事后也可以进行分析和设计。由于数据量和多样性很大，这些数据经常被称作"大数据"，从原理上来说，由于数据是连续生成的，所以数据量并无限制。[34]

　　大数据往往与很短的时间相关，而过去用于理解甚至用于控制城市的大多数传统数据源都是在几年、几十年甚至更长的时间段里收集而来。当然，以秒为单位产生的大数据在收集到足够多以后也将与长期相关，因此我们也能对这些数据源进行长期分析。我们暂时还不能完全将这些新的数据源（很多与交通运输有关，有些与零售和金融有关）用于长期分析，同时由于保密性、所有权以及访问权限，这些数据也有可能受到限制。然而，大数据具有实时、流动变化的本质，这与传统的数据集有很大不同，传统的数据集与个体相关，并且往往通过定期普查收集。当然，很多大数据是通过与个人相关的移动设备数据流收集得到的，但在使用这些数据时存在一些关键问题。首先，与实时数据相关联的设备通常不与人相连，即使它们与人相连，比如通过个人激活的固定传感器，却也几乎没有与所涉及的个人相关联的属性数据。如果数据是单独标识的，那么通常该属性数据并未被收集，只能对此做出推断。通常情况下，这种数据常常存在缺陷，因为它很难被解释且高度偏向于特定群体。社交媒体数据就是这种情况。

然而，图7.1所揭示的是，使用计算机实时控制城市并以新方式参与许多传统功能，为传统方法增加了一层新的复杂性。我们还没有对这个图表进行关于数字化和非数字化操作和功能的分析，但是将计算机嵌入城市的形式和功能中，会产生基于信息而非物质流和人流的新型网络。这就是在图7.1中确定的背景下新的城市分析学的用武之地。由于新数据源的发展，以及从信息网络方面思考城市作用的新想法的出现，许多模型、模拟和分析技术都聚集在这个新标签下，并处于非常迅速的发展之中。这些新方法的细节都还没有敲定，但如何设计新方法来整合这些视角和数据源，以及与传统模型和模拟相结合的空间行为新形式，是一个巨大的挑战。为此，我们需要新的理论，既包括我们和其他人所说的智慧城市，也包括关于迄今为止城市如何被理解、管理和设计的传统观点和时间框架。

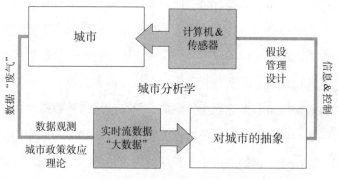

图7.1　智慧城市的理解、管理与规划

## 康德拉季耶夫周期与奇点的出现

　　数字技术包括硬件（涉及网络、交换机和传感器），以及软件、数据库和对其功能至关重要的组织结构。从我们早先的历史中，我们可以提炼出的一个关键点是，我们很难将自工业革命开始以来发展起来的技术以清晰的顺序进行排列。在某种程度上，机械技术领先于电气技术，电气技术又领先于数字技术，而这些技术都可以被看作是同一个创新和应用的过程中的一部分，这种连续性将不同的循环、周期或波融合起来。虽然其他类型的计算（如量子技术和涉及语音而非文本和数字的电信）的确至少在访问计算机和数据方面定义了相当不同的技术，但任何事物是否都会追随数字化浪潮，仍是一个悬而未决的问题。我们可能会认为这些发展是施瓦布所说的第四次工业革命的一部分。[35]然而，数字技术的问题在于它们的发展遵循摩尔定律，这表明变化率在日益增长。这似乎与我们普遍认为的技术发展存在不同阶段的看法背道而驰，却似乎越来越接近新的现实。

　　发展以波动的方式进行，这种观念也深深地根植于我们对历史的认识之中，因为经济理论研究和实际政策制定都由商业、信贷和其他货币周期的概念所主导。这些周期似乎比为描述文明的兴衰而提出的更长的周期性波动更能引起共鸣，而诸如技术变革等更具体的模式可以被表述为超级周期的概念也已在过去100年中流行起来。我们之前提到在20世纪20年代，康德拉季耶夫在斯大林的行政部门工作，他首先提出了技术似乎具有持续约50年的相对主导期的观点。他指出早期的工业革命可以分为几个时段：内燃机的发明是在1770年到1820年左右，随后是1820年到1870年的钢铁和蒸汽时代，这导向了之后的电力时代。在康德拉季耶夫开始进行理论总结时，电力时代差不多到达尾声，尽管康德拉季耶夫受到迫害，他的工作仅进行了短暂的时间。熊彼特很快采纳了他的想法，称这些模式为康德拉季耶夫周期（简称"康波"），他同时认为一旦一种新技术被发明，接下来就是一段巩固和应用的时期。[36]这一周期的结束以对该技术的投资减少为特征，然后旧技术被新技术所取代，预示着新周期的开始。熊彼特认为，这些长波以对现有技术的创造性破坏为特征，这些技术常常看起来非常有用，但会不可避免地被更新颖、更闪亮，并且通常是完全不同的形式所取代。

西蒙·库兹涅茨（Simon Kuznets）以更清晰的形式描述了这些周期。他将每一个周期分为4个连续的阶段，第一个阶段是创新，新技术首次应用（虽然其发明时间可能早得多），然后在投资增加的过程中使用得越发广泛。[37]紧接着是稳定的应用期，在此期间，利润逐渐下降，随着技术吸引力的降低以及新工具的发明，该技术逐渐衰退萧条。而新工具的发明又带来了一个复苏期，导致了基于这些新创新的新周期的开始。事实上，对于这些长周期或超级周期的时间跨度，学者们并无定论，对于每个周期内不同阶段的确切形式也没有真正统一的意见。但每次波动都很明显有标志性的上升和下降的过程。在某些方面，后来的周期建立在之前的周期基础之上，对许多技术来说，其早期版本会继续得到改进，取代旧技术的新技术通常都以旧技术为基础，应用领域也与旧技术相同。

第四个和第五个康德拉季耶夫周期分别与汽车和数字技术相关。按照50年的循环周期，这两个周期分别发生在1920年至1970年，以及1970年至今。在这一特性描述下，第六个康德拉季耶夫周期与智慧城市时代刚好重合。另一些人则认为，下一个周期将是一个生物技术时代，在这个时代中，健康将走在技术最前沿。从某种意义上说，这确实符合一种对未来的预测情节——在下一个计算技术发展周期，我们将把计算机嵌入我们自己体内，以便改善我们的健康，延长寿命，甚至确定我们的基因组成。然而，当我们比较从工业革命初期开始的6个周期时，我们发现它们之间往往有些不同：第一个周期似乎围绕发明，第二个周期似乎围绕着应用，如此交替。基于此，我们正在走向数字发明周期的尾声，这可能预示着智慧城市、健康、太空旅行等应用的周期的到来。

瑙默（Naumer）及其同事已经对这些周期给出了一种有用的解释，[38] 他们认为每个周期的振幅正在小幅变大（也许周期也略微有些缩短），但他们的图像（如图7.2所示）只是人们关于周期时间变化提出的不同图像中的一种。事实上，如果这些周期变得更短和更明显，这似乎与信息技术的迅速发展一致，后者现在似乎脱离了康德拉季耶夫本人和熊彼特在一个世纪前所预言的普遍的时间步调。图7.2中绘制了每个周期的中点，表明存在一个更长期的过程，我们可以简单地将其理解为从一个非机械化、非自动化的世界过渡到我们当前的数字世界的过程。事实上，如果周期越来越短，振幅越来越大，那么它们最终会融合在一起，形成一个奇点，也就是一个由持

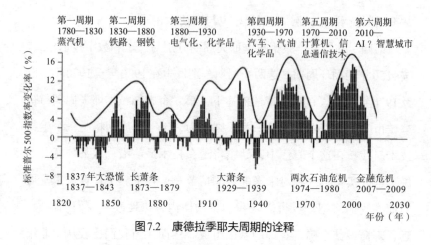

图7.2　康德拉季耶夫周期的诠释

续的创造性破坏组成的事件视界。这种收敛的含义很难理解，因为我们没有经历过这样的事件或环境。所以我们觉得它看起来不太可能实现，但连续发明的过程在未来当然是可能出现的。它可能会开创一个万事万物都是特殊的和个体化的世界，这种情况如今似乎已经在有限的情况下，特别是在社交媒体和众包活动中发生了。

　　我们将在下一章中对奇点的概念进行更实质性的阐述。在图7.3中，我们展示了一系列康德拉季耶夫周期，一开始每个周期的持续时间大约为50年，然后加速缩短，并且强度随时间而增加（强度代表新技术的数量和影响）。这表明，正如斯图尔特·布兰德（Stewart Brand）所敏锐地观察到的那样，随着时间的加快，新发明出现的速度也越来越快。[39]如果我们将这些波重叠，我们将得到近似于第2章中所示的世界人口增长曲线的那种超指数增长曲线。正如我们在讨论21世纪的人口统计中指出的那样，世界人口的变化率在将

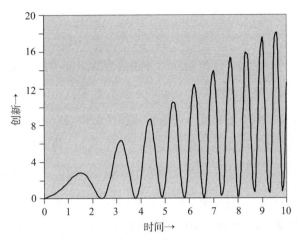

图7.3　走向奇点：不断增加和加深的康德拉季耶夫周期

近60年前达到最高点，在那时看来，全球人口似乎会无限制地增长，直到21世纪20年代末达到危机点——奇点。然而，这一切都没有考虑到在过去20年里世界人口似乎已经出现的，与人口转型有关的转折点。但未来可能还有许多其他的奇点，特别是库兹韦尔所说的将延长人类寿命的健康保健和医疗干预方面的根本性发展，也包括前文所透露的机器学习和人工智能技术。[40] 这是布林约尔松和麦卡菲所宣扬的观点，他们认为我们正在进行一场竞赛，以确保我们的机器不会孕育出超越我们的人工智能。[41] 在这种情况下，当我们越过一个又一个阈值时，机器可以从源源不断地生成和输送的数据流中提取数据，变化速率似乎正在加快，而不是减慢。我们将在下一节和最后一章中描述并推测这可能对未来城市所产生的影响。

## 未来城市

还有一个无法以任何明确的方式回答的问题：在短期、中期或长期的未来，城市将会是什么面貌？我们最多只能回顾并考察城市形态的表象，而不是功能。街道模式往往是相对变化较小的，而大城市的发展由文化和地理因素决定。当然，通信技术仍然是人们所熟悉的，尽管在过去——当然是在100年前，城市里的每件事物看起来都很古怪和过时，但它们看起来仍然和当下城市中的事物"相似"，我们甚至可以推测不久的将来它们还将保持类似的模样。发生改变的是城市的功能，而且在20世纪70年代日趋明显的形式和功能之间的分离很有可能将会一直持续下去，直到我们实现几乎完全的数字化连接，一个地方和任何其他地方之间可以完全自由地发生交互作用。从本质上说，形式仍然追随功能的理由有很多，但这种脱离是一股强大的力量，当我们参与的大多数功能能够离开它们曾经所在的地方远程操作时，它最终将发挥作用。

除此之外，所有非常明显的自动化正在进行中。许多基于网络通信而出现的、目前不受管制的服务，如优步（Uber）、爱彼迎（Airbnb）等，似乎对空间行为本身没有太大影响。自动驾驶汽车和相关技术本质上依赖于机器学习和大量历史以及当前数据的采集，这将对空间行为产生一定影响，但是自下而上环境的复杂性使得它们受到的限制可能比某些人认为的更多。毫无疑问，汽车和相关交通工具的自动化将有所发展，而在可再生能源代替化石燃料方面的进展很可能很快。与不同规模的新的数字技术紧密相关的建筑和材料将对我们设计和使用建筑物的方式产生影响，类似于联网汽车的联网建筑也即将到来。在探索、理解和预测城市情况的工具方面，城市三维形态的自动物理模型很可能会实时出现，与这些模型相关联的各种功能和数据流也将几乎可以瞬间捕获。因此，我们可以期待会有一个即时的、不断变化的城市数字图像。但如何与这些工具进行交互是个问题。该如何使用各种工具来创造不平等程度更低、生活质量大幅提高的城市，这是一个由来已久的问题。我们将在最后一章讨论其中一些问题。

这张未来清单有点儿像本章前文所批评的盲目的智慧城市技术清单，但它只表明未来并不明朗——它不一定是混乱的，但细节是不确定的。毫无疑问，数字网络的激增将导致我们的未来比我们处理过的任何事物都更加复杂。这些数字网络都由各种活动决定，其中许多数字网络尚未发明，但所有网络都会产生与自身功能相关的数据。但除了个人以某种方式操作这些网络之外，大多数数字网络还很难与个人属性相关联。从这个意义上说，智慧城市的时代是一个日益复杂且多样化的时代，这一趋势在最早的城市诞生之初就出现了。而想要合理分析未来城市也由此变得更困难了。此外，关于未来城市的图景，还有其他一些我们至今尚未提及的重要的驱动因素，如老龄化和气候变化，这些也都需要考虑在内。但正如霍尔丹多年前所说，可以确定的是：[42]

我们理解宇宙的唯一希望在于从尽可能多的不同角度来看待它……我自己的猜想是，宇宙不仅比我们想象的要奇怪，而且比我们能够想象到的还要奇怪……我猜，天地间的事物比任何哲学想象到的或所能想象到的要更多。

我们对未来城市形态的预测能力有限，很大程度上是因为我们本身就是被创造和设计的未来的重要组成部分。

第 8 章

# 创造的时代

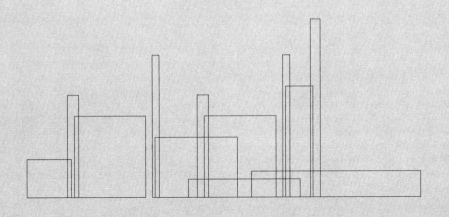

创造就像冲浪：你必须在正确的时间预测
并抓住波浪。

——雷·库兹韦尔《奇点临近》

库兹韦尔并不认为他提到的"波浪"和康德拉季耶夫与熊彼特提出的"周期"是一回事，但是他的加速回报理论建立在相同的前提之上：发明刺激了技术创新，这些技术创新在有限的时间内成为关注的焦点，然后被新的创新取代，而新的创新又会重新开始这一循环。[1]事实上，他认为这些"波浪"累积起来就形成了一系列逻辑斯谛S形增长曲线，这些曲线建立在彼此的基础上，与我们解释康德拉季耶夫周期的累积形式大致相同。但正如我们在上一章所讨论的，这些周期的强度不断增加，彼此间距离正变得越来越近，甚至会相互碰撞和重叠，从而给我们带来了超指数增长的印象。库兹韦尔预言，这将导致一个奇点，我们的经验无法预测奇点之后的生活会是什么面貌。尽管我们不会在此勾勒他对这个新世界的愿景——它超出了我们最大胆猜测的范围，但我们将探索迫使技术变革的浪潮走向以"持续发明"为统治方式的各种机制。从这个意义上说，我们正沿着一条通往"创造的时代"的道路快速前进。

　　在我们更深入地讨论即将主导城市的各种未来技术之前，我们将先多谈谈创造，因为我们的前提很明确——无论如何，未来都是我们创造的事物。虽然在一定程度上，我们也许可以预见到一些创造，但总的来说，在设想未来城市是什么样子时，预测确实是不可能的。事实上，我们可能会争辩，城市本身就是我们创造性的产物。虽然城市花了很长时间——5 000多年才变成现在的形式，但我们在第1章和第2章中已表明，从"没有城市"的世界到"都是城市"的世界的转变将会在21世纪完成。也就是说，正如一些评论家所说，这一未来标志着从"城市1.0"到"城市2.0"，再到"城市$n$次方"的转变，但也标志着非城市世界到城市世界，即一种从"没有城市"到"完全城市"的彻底的突破。

如果你读到了这里，你就会总结出来，当我们谈到创造未来城市时，我们并不意味着要以弗兰克·劳埃德·赖特或勒·柯布西耶的方式建立未来的物理图景。这些设想没有错，我们认为这些设想是猜测的重要组成部分。事实上，与我们无法预测的情况相比，它们是我们审视未来时需要关注的有用图像信息。弗里曼·戴森（Freeman Dyson）强调了这一点：

> 经济预测通过将增长曲线从过去外推到未来来进行预测。科幻小说做出疯狂的猜测，并将对其合理性的判断留给读者……对于十年以后的未来，科幻小说比预测更有指引作用。[2]

因此，这些设想仍然有其意义，但我们设想的未来必须用我们过去和现在为思考城市而建立的基本原则来探索。这些基本原则包括格莱泽悖论、由冯·屠能提出的标准模型、威尔斯的命题，以及托布勒的地理学第一定律，同时也请别忘记我们的第一条原则——齐普夫定律，它表明未来的城市规模分布将与过去非常类似，小城市的数目比大城市多得多，跨越更广的空间和时间尺度。在本章中，我们将探讨如何利用这些想法来推测我们会如何创造未来城市。不过，在这么做之前，让我们先回到21世纪将是一个不断创新的世纪的设想。

在下一节中，我们将详细阐述这个创造的概念，然后讨论将城市视为过程而非产物的思考方式。这一观念转换与我们在前文一直强调的城市是复杂系统的说法是一致的。当我们做出这一转换时，焦点从物理与视觉形态转向功能，这使我们得以更清晰地思考城市中的技术和自动化问题——我们马上就要讨论它们。我们需要探索目前困扰当代社会的自动化的变化浪潮及其对城市所带来的影响，特别是自动化浪潮对移动性的影响——它是我们所认为的城市结构中关键的五项基本原则（与大小、形状和布局有关）的核心。我们还将讨论这些问题与社会结构和不平等之间的关系。在这本书中，到现在为止我们对这些问题几乎还只字未提，因为我们不认为我们能够对城市产生完全概括和综合性的观点。简而言之，我们无法总结出关于城市的一般性理论，因为城市过于多样和复杂，并且接纳了大量——事实上是无穷多的看法和观点。但我们确实需要在结语中对影响我们时代的大问题，比如气候变化、老龄化、能源、可持续性、移民，当然还有不平等等议题发表一些看法。不过，我们所要做的只是指明方向，引导读者如何思考这些问题，而不是提出解

决方案甚至做出回应，我们仅仅希望能够确保这些思考与这里所倡
导的思考城市的方法保持一定的一致性。

## 连续创造

要想说明我们似乎正在走向一个不断创造的时代，最好的方式
是观察过去200年中个人通信设备出现的速度。看看这些设备在人群
中普及所花费的时间，你就会发现通信设备的普及速度显著加快了。
1837年发明的电报几乎算不上一种个人设备，且很快就被1876年发
明的电话所取代。库兹韦尔告诉我们，电话花了大约40年的时间走
进了美国四分之一人口的日常生活[3]，电话之后是无线电，最早在20
世纪前十年引入，大约用了35年达到同样的覆盖范围；20世纪20年
代末期推出的电视机用了25年，而20世纪70年代末期开发的个人电
脑用了15年。接下来是20世纪90年代中期开发的移动电话。最初的
智能手机在10年前①首次推出，但在不到5年内就覆盖了美国人口的
四分之一。再看网络时代，万维网在20世纪90年代初的首次普及大
约用了8年时间。就每一项这些发明而言，它们的起源要追溯得更
远，但一旦它们以生产水平的质量和数量出现，具体产品的普及时
间就会继续缩短。

在图8.1中，我们描述了这种趋同性，显示了这些技术发展的时
间轨迹是如何相互融合的。[4]当然，这些设备之间有相当大的重合。

---

① 作者定稿时间为2018年，10年前约为2008年。——编者注

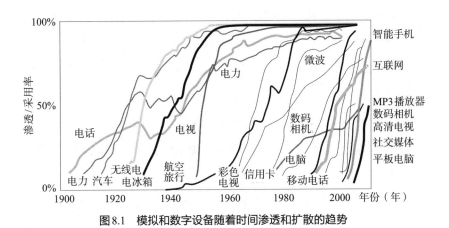

**图8.1   模拟和数字设备随着时间渗透和扩散的趋势**

例如，智能手机现在更多地被用作一种访问多种类型的即时信息的通用设备。目前，这些设备的使用时间中，平均只有20%用于语音通信。此外，它们被用作照相机、网络接入设备，甚至Wi-Fi（无线保真）热点，可以说它们代表了20世纪90年代初诞生的掌上电脑、20世纪90年代末诞生的移动电话，以及在线视频和电视的融合，这些功能主导了设备使用时所访问的大部分内容。智能手机现在还被广泛用于获取基于位置的服务和信息，这些服务和信息与我们在城市内的各种零售采购活动有关，而这些活动对于城市内不同功能的位置具有巨大的影响。事实上，我们可能会说，这些设备在所有这些意义上都打破了以前的使用模式。

接下来会发生什么？下一个被引入和采用的设备是什么？它很可能是已经存在的手表或计算机。但无论它是什么，它都应当涉及传统设备和新设备的某种融合。具有可擦除存储器的电子纸已经被讨论多年。简单、无创的数字植入物在我们的身体里可能会变得司空见惯。但这一切的关键是要表明，获取信息技术和开发新技术的速度正在加快。技术正被嵌入许多物体中。从这个意义上说，我们已经在谈论"物联网"（IOT），它正被快速地连接到定义了我们物理世界的大量对象中。这些与摩尔定律直接相关的信息设备的发展仅仅是自动化的冰山一角。人工智能（AI）、机器翻译、各种实时感知数据，以及由我们自己的行为直接生成的数据，都在以超指数的速度增长。

有许多例子可以表明这些发明是如何打破城市生活的，让我们来简要分析其中两个，重点关注移动性的新发展。一旦我们能够通过设备即时访问到个人，对不同服务的需求和供应就可以进行大规模分散。如果你可以打电话给任何一个原则上几乎可以立即为你提供服务的人，那么就会出现一个能够让需求和供应更高效匹配的系统，因为传统系统总是需要你在现实中访问某个中心。像优步这样的个性化网约车服务就是一个很好的例子：很明显，在这个系统中，运输需求与运输服务之间的匹配可以比传统的固定服务更有效。简而言之，系统的流动性通过几乎即时的交流能力而大大增强。然而，像优步这样的服务确实会产生一些关键问题。毫无疑问，它们在经济意义上打破了既定的秩序，但是像所有自下而上的活动一样，这些服务很难监管，而如果要维持标准和避免失控，它们又确实需要规则。这一点也同样适用于各种个性的数字化活动，如推特和脸谱网，它们与传统的集中式、最小化但得到广泛认同的监督服务相冲突。不过，尽管像优步这样的服务对现有的移动性造成了明显破坏，但它们不太可能对城市的区位分布模式产生很大影响。如果这大大减少了只能通过传统手段，特别是政府补贴提供的服务需求，则可能对其他交通运输系统产生间接影响。然而，总体需求模式不太可能发生太大改变：需求可能很高，但这不太可能改变城市自身和内部的区位分布模式。[5]

另一方面，在我们的第二个例子中，供需双方可以相互触发正反馈以改变区位分布模式。地方级的邮政和包裹服务可能是国家级和全球级中更广泛系统的一部分，这种服务已经开始利用即时通信，特别是在收集货物并将其直接运往需求人方面。在线订购的包裹被送到某个中心点，比如本地仓库，在那里顾客取货，这样的做法也在不断发展。例如，亚马逊就使用这样的系统。这样的模式还在扩展工作流程，以吸引可能经常覆盖城市的某个区域的司机的兴趣，例如，他们在去往其他就业岗位工作的途中，能够为公司取送小包裹，从而扩大这种活动的劳动力市场。事实上，网上零售活动正在改变城市的区位分布模式。我们在此重申本书所采用的一般前提：这种相互作用的变化导致了不同位置的活动的数量和类型的变化。[6]

的确，信息对于城市来说是如此普遍，以至于任何能够以不同于过去或现在的方式使用信息的新技术都有可能改变城市的形式和功能，并带来不同程度的破坏。目前，新信息技术对经济、社会互动、人口统计以及加剧经济和社会不平等的影响正在加快，这可能成为一场"完美风暴"。许多正在发生的事情并没有以任何方式得到协调，而且纯粹的规模变化可能会带来许多不经济的后果。我们现在所面临的信息洪流是巨大的，而且构建功能良好的信息技术系统的困难完全有可能导致生产力的长期损失。我们要处理各种密码和糟糕的人机界面，这些密码和界面并不能帮助我们有效、快速地搜索，还带有用户通常不知情的偏见，而且还会曲解手头的需求或任务。在新技术及其在经济和城市中的嵌入会如何导致新的破坏模式方面，摩尔定律具有重大意义，这种破坏模式对形式和功能的影响由于其相对隐蔽性而具有相当大的不确定性。[7]然而，对于我们在形式上从事的许多任务以及作为生产经济基础的任务而言，这些影响都是自动化可能会带来的重大风险。在我们勾勒未来城市的物理形态可能意味着什么之前，有必要花点儿时间来研究一下在自动化的最前沿发生了什么。

## 破坏、自动化和自治

从某种意义上说，所有的变化都是破坏性的，因为它迫使人们脱离现有的行为模式和思维模式，适应新的情况并开展新的实践。然而，破坏的程度取决于无法适应新情况的人口比例，当大多数受影响人口拒绝采用新的创新或技术时，就会发生极端破坏性的结果。此外，关于服务的供应或需求是否会遭到破坏的问题也存在争议。在优步这样的例子中，以现有交通方式为基础的服务供应可能会发生失业而遭到严重破坏，而人口的需求则容易适应，并且事实上这可能会带来一种以总体上更有效的方式发挥作用的模式。在某种程度上，在城市中，重点不在于通过改变行为来规划更好的生活质量，而在于让城市变成人们可能适应的物质形态，从而改变人们的行为和表面上的行为模式。需求和供应受到的破坏可能会引发这种可能性，其中区位模式可能会瓦解。

在很大程度上未受调控的多重破坏，产生带有不同特征的多阶效应——先是一阶、二阶，再到 $n$ 阶，等等，这正迅速成为未来城市的主要场景。作为其基础的摩尔定律从被提出至今已过了 50 多年。尽管光速为芯片速度（和尺寸）设定了上限，但摩尔定律所预言的信息技术的进步速度几乎没有减缓的迹象，因为可计算过程中不涉及原始芯片技术的其他特性的发展正在不断改进性能和提高速度。量子计算即将到来，当然，将计算分解成一系列任务一直是降低成本、提高总体执行速度和通过并行处理扩展内存的最好策略。大规模并行计算极大地提升了内存、时钟速度、数据存储量和处理的结果数，再加上大量人类行为数据的整理，一起形成了变化的浪潮，成为风暴的先锋，后文提到的所有关于无人驾驶汽车和机器的大肆宣传也皆源于此。

这些发明最终会影响每一个经济体的就业结构。自史前以来，某种工作概念一直主导着所有社会，而直到最近 50 年，我们可能事实上需要少工作一些的观念才被提上议事日程。大约在公元前 10000年，农业革命开始时，人类从自给自足的游牧生活向大多数人从事农业的时代发展。充当狩猎者的人越来越少，农业继续发展，直到大约公元前 3000 年苏美尔古城出现。[8]直到第一次工业革命前，农业都一直占主导地位，尽管在这段时间里城市中的服务业发生了很大的变化。工业革命使就业结构发生了极大的改变，农业实践的自动化导致农业衰落，各种机械技术的发展减少了对土地劳动力的需求，农产品包装和销售的方式的变化也有同样影响。在西方，传统上占全部就业人口一半以上的农业，在19世纪开始系统性衰落，直到20世纪初降至15%以下。不过，这并没有导致大规模失业，因为新兴的服务业需要大量劳动力，第三产业的增长弥补了这一缺口，接收了从农业流失的就业人口。当然，这种替代效应只在这种破坏可能带来更大经济效益的经济体中才会发生。直到20世纪中叶，随着制造业占据主导地位，自动化才真正开始起作用。这标志着发达国家及地区开始了一段快速非工业化时期，20世纪末许多西方国家的制造业劳动力人口比例已经降至不足10%。服务业以及在金融、教育和卫生保健方面的细化填补了这一空白，经济得以继续增长以支持这些转变。

许多评论家推测，由于占主导地位的服务业的职能正经历着迅速的自动化，我们再次面临就业的急剧转变。这是第二机器时代，这个术语的提出者是布林约尔松和麦卡菲，他们描绘了这样一个未来——许多服务工作将被两种力量合力淘汰：第一是大多数人拥有的智能手机和相关通信设备；第二是人工智能，更具体地说是正在产生替代人工任务的自动方式的机器学习方法。[9]在发达国家，除了最贫穷、最年长或残疾的人外，大多数人在大部分时间都可以接触到使他们能够相互通信并与远程信息源相通的设备。这使那些希望如此通信的人发展出一定程度的互动性，这种互动性正开始对生产和消费产生破坏性影响。劳动力市场正在经历一种新的重组形式，在这种重组形式中，工作自动化的速度快于新工作被创造出来的速度。这一情形是否会持续下去暂无定论，因为就过去的经验来看，新的就业形式总会形成。有猜测认为，医疗保健、教育、传统手工业以及专营制造业的工作岗位可以填补这一缺口，但这些工作也在转向自动化。所以，目前的情况还不清楚，这些变化对城市人口和区位的影响也尚不确定。

通信技术的自动化包括旧有通信方式，例如邮政服务、电话业务等被摧毁的过程。由于这些业务现在由我们自己个人承担，所以过去给广大民众提供这类服务的工作岗位就被淘汰了。许多服务工作的自动化现在也都成为可能，因为软件的进步使机器能够根据操作规程，代替我们自己的手工劳动。毫无疑问，许多日常会计工作可以大大加快，相关官僚机构也会因此而缩减规模。这种创新的实现程度在很大程度上取决于任务能够被明确表达和自动化的程度。显然，这在许多方面可以实现，但许多方面也很可能无法实现。某些特定种类的人类决策任务存在根本的限制，因为它们涉及人类的关键选择，所以这些任务永远不会实现自动化。用于集成这种软件的自动化平台即将出现，但是到目前为止，它们的广泛应用取得的业绩都很糟糕。事实上，涉及数千个智能体和参与者的大型软件项目已面临诸多集成问题，而且尽管很可能会取得一些进展，但它们的未来依然难料。

也许在很长一段时间内，我们都会为这些可能性而苦恼，但是再多谈论一些自动化是值得的，因为它可能在不久的将来对城市产生相当大的影响。这与居住在城市的无生命物体，例如机动车有关，但它也适用于任何可以被赋予"智能"的人工制品。我给"智能"一词打上了引号，是因为真正的智能机器被定义为类似于人类的智能，它的前景非常有争议并且不大可能发生。目前，在可以实时获取数据（这些数据类似于第5章定义的城市脉搏）的领域方面，模式探索进展得很快。与实时发生的人类行为有关的数据挖掘工作，则涉及使用强大的多变量分析技术来提取基本模式，并进而利用这些模式实现常规的自动化过程。[10]

以上相关分析通常由神经网络实现，神经网络基于一个简单的假设，即变量——神经元形成许多层，根据一系列选择权重的过程而被激活，使得过程的输入与输出越来越一致。通过这种方式，它们可以将输入和输出完美地连接起来，但对此没有任何真正的理解。当这些权重越来越能表征连接输入和输出的过程时，我们就称神经元在"学习"，如果这些元素有许多层，则称为"深度学习"。这里的"深度"只是指存在许多层，而不是指解释的深度——我们无须知道输入与输出到底是如何连接的。事实上，人脸识别已经成为这类系统开发的主要应用之一，在这种情况下，人们对如何建立人脸特征的科学解释并没有兴趣，所有人感兴趣的只是人脸的模式而已。[11]通常，这些数据挖掘项目所涉及的系统被当作黑箱系统，其中人们拥有的只有输入和输出的内容，并不试图通过联系输入与输出的模型来解释，甚至根本不去推断输出结果的意义。这些类型的分析当然可以适用于机器翻译，如谷歌的翻译软件，也适用于在工业环境中工作的自动化机器人，在这种环境中，日常任务与人类决策者相对独立，但这种人工智能是否会取代人类的决策、设计和创造，还是个悬而未决的问题。这看起来似乎不太可能。机器与生物完全不同。在物理功能层面上，干燥的系统和湿润的系统是截然不同的。

在我们与机器交互的系统中，存在许多潜在的问题。以自动驾驶汽车为例，这是一个三体系统，包括汽车、驾驶员和整体所处的环境。驾驶员不能与汽车分离，但如果分离，驾驶员就变为乘客，并且系统就减少为两体问题。即使这样，仅仅思考一下自动驾驶汽车在嘈杂环境中的运行场景，你就能意识到，生产出能感知车内和车外所有可能性的扫描设备是几乎不可能的。而把人重新放回车内后，任何自动化环境都要求系统解决涉及实际环境和汽车环境中人与人之间交互的关键选择。众所周知，根据环境来定义一个系统是非常困难的。即使积累了数百万英里的自动驾驶信息，完全自动化似乎也不可能。即使在一个拥有无法想象的信息资源的未来，每辆车都与全球其他每辆车连接起来，设想所有可能的未来并且从而避免重大困境，似乎仍然不可能。本书的一个论点是，未来是由我们自己创造的，因此，不考虑到这一点的自动驾驶汽车不太可能普及。我们无法定义我们的发明能力，这意味着，反向来看，我们也无法定义我们造成事故的能力。这就是难题所在。在这本书出版的时候，也许电动汽车标杆特斯拉在2016年产生的致命事故会被遗忘，但无论那是出于什么原因，即使是驾驶员失误，这件事故都再次凸显了人工智能方法目前的局限性。最近在美国亚利桑那州发生的一起交通事故进一步支持了这一点，一辆自动驾驶汽车撞死了一名行人，原因是这辆汽车认为前面的障碍物是例如"塑料袋"这样可以忽略的东西，这进一步限制了人工智能能做的事。[12]

图灵在数字计算发展的早期就设想了人工智能的存在。他在1950年发表的一篇具有开创性的论文《计算机器与智能》中写道："我们可能希望机器最终在所有纯智力领域与人类竞争。"[13]但是，这一领域的发展史充满了障碍。现在的观点是，机器与人总是不同的，让计算机和人竞争不是创造未来的有效策略。最初的方法假定人们可以建立人类的理性模型来模仿人类的决策，但它已经逐渐被抛弃。这与乔姆斯基的语言学方法有着同样的命运，基于后者的形式语言翻译系统已经被通过大量的数据库来发现关键性语言模式的翻译系统所取代。基于规则的人工智能方法在高度偏应用性的机器人领域有很多缺陷，而在大数据中搜索模式，然后简单地假设这是世界的工作方式，且不加以解释，已成为人们首选的策略。事实上，人们现在对这种占主导地位的归纳学习法已经产生了越来越强烈的反作用，而基于规则的方法可能开始在该领域的某些部分重新发挥作用。[14]但不管我们使用哪种方法（很可能是两种方法的混合），都仍然可能存在一些会影响城市和社会的激进发展。现在我们要把目光聚焦在这些发展上。

## 理想化的城市形态

理想化的城市总是自上而下地由空想家们提出，他们试图在其中强调某些原则和理想，但通常是为了实现这些原则和理想。在某种程度上，这些都是对未来城市形态的思想实验。正如我们已经强调的那样，真正的城市自下而上发展，它是由个人和集体做出的千百万个具有巨大的多样性和异质性的决策的产物，并且由于随机发展（虽然实际上可能并不随机，但显然没有相互协调），这些决策显得嘈杂和模糊。然而，理想化的形式很难与城市的实际增长方式相匹配。这种脱节足以表明，未来城市的实际创造是一个与幻想家的沉思截然不同的过程，因为它包含数百万的个人决策，这些决策本身必须被视为发明和创造。从这个意义上说，未来的城市是完全不可预测的，充满了新奇和惊喜。正如我们在本书中一直所暗示的那样，城市是复杂系统。[15]

这也解释了为什么自动化和自主技术的发展充满了不确定性。例如，任何涉及自动驾驶车辆的系统都不可避免地向更广阔的环境开放，而这些环境都充满了未受协调的决策，从这个意义上来说，这种情况有很强的不可预测性。我们很难猜测，新技术和持续发明的所有其他特征将如何通过影响我们定位和交流的方式来影响城市的未来形态。但是，一旦我们转向非空间领域，思考未来的挑战则变得更加艰巨。大多数空想家在思考未来城市时很少考虑未来的行为，但是这已经成为并将继续作为人们对未来技术的关注焦点。此外，空想家们描绘的未来城市在形式上几乎完全是有形和形象化的。在说明这些形式时，他们只会强调有限数目的（通常只强调一个或两个）关键性决定因素，如密度、建筑高度，或交通几何结构。这些形式总是被描绘在小于整个城市的尺度内，往往集中在单个城市街区，穿过中央商务区的横截面或是邻里，因此很少能说明定义整个城市的各种城市功能与其形式的相关性。在一个形式正以最明显——也许最直接的方式与功能迅速脱节的时代，如果我们对未来的展望中没有显示出形式如何决定功能及功能如何反过来作用于形式（我们在这本书中一直在尝试这样做），几乎就完全不能显示出如今的环境了——在这样的新环境下，城市的形式决定因素比过去任何时候都更复杂、难懂且间接。

最早的对城市的理想化无疑在古典时代就已经出现，但是随着时间的流逝，理想与现实之间的界限变得越来越模糊。古罗马兵营就是一个理想模式，它虽然刻板，但在军队探求征服和开拓领土时，可以被迅速实施。在古雅典，柏拉图和苏格拉底以同样的方式（如第4章所述）讨论了理想城市的形式，但主要是从它的规模、组织和管理方面来讨论，而非空间范围。总的来说，这些早期的例子，如图4.2（a）所示的位于小亚细亚海岸的希腊殖民城市米利都，揭示了一个高度几何化的网格图案，它具有类似于一些集市和广场围绕着中心（或者可以看作CBD）的外观，但没有类似于标准模型的真实结构。简而言之，许多城市形态和功能的原理直到工业革命才被创造出来，这在一定程度上是因为工业城市的兴起，所以这些原理没有完全反映在早期理想化的城市规划或最早的城市中，也不足为奇。

在15世纪欧洲，文艺复兴运动对古典世界的再发现催生了一系列理想城市的出现，[16]其中大部分理想城市都拥有非常明确的中央商务区或市场集市，不同活动部门像轮辐一样从中心向外辐射。大部分这些城市都拥有明确的、雉堞状的边界，用于防御目的。典型的理想城市如图8.2（a）所示。其中一些是实际建造的，如图8.2（b）所示的荷兰纳尔登[17]和图4.3（d）所示的意大利帕尔马诺瓦。但是，直到工业城市的出现，城市才真正拥有了标准模型所反映的空间形态的清晰结构。在这种标准模型中，同心环状的活动分布、径向的运输路线和定义明确的CBD引人注目。19世纪，随着时间推移，以及针对工业城市状况的各种反对浪潮的出现，降低密度、自由散布

（a）

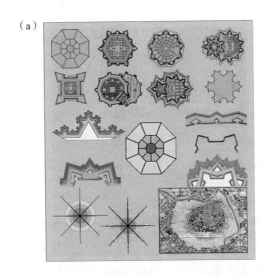

（b）

图8.2 理想化的文艺复兴时期城镇规划：（a）理想化规划的示例；（b）荷兰纳尔登，始建于公元14世纪

开放空间、清晰化邻里结构的城市组织思想部分体现在对理想城市的建议中。在图8.3（a）至8.3（c）中，我们再次展示了霍华德在19世纪末对花园城市的部分规划，该规划大大降低了城市的密度，其基本思想是把城市看作花园中的郊区。[18]

然而，霍华德的理想化模型只是表面上像我们在现实中观察到的城市结构。邻里和中心的概念是清楚的，但是它们的大小和分布只是基于非常简单的想法，而不考虑可以一直维持的功能依赖性。城市中的功能分布遵循齐普夫定律，而我们所知道的关于真实城市在密度和分布上的其他属性和活动，都遵循现在定义明确的物理空间的功能。几乎所有的理想城市都存在与可观测空间分布不匹配的情况，因为这些想法的先行者很少精通对城市规模和形状进行持续研究所产生的各种思想。[19]事实上，在19世纪末，许多这样的想法产生之时，就是城市统计研究的开始。

在过去的2 000年里，人们对理想城市的兴趣经历了多次兴衰。在古典时代，人们对此有一些兴趣，但是主要局限于街道布局的效率。理想城市形态直到文艺复兴时期才重新觉醒，在随之而来的欧洲启蒙运动中，这种思想开始兴盛。19世纪末，伟大的实业家兼慈善家们掀起了又一股热潮，在20世纪前半叶，这一浪潮被"二战"后的城市重建前景所激发。但在20世纪后半叶，理想城市已经过时，直到现在人们才重新对它感兴趣。事实上，随着时间的流逝，这些理想城市已经与现实城市联系在一起。在图8.3（d）和（e）中，我们展示了英国城市环境设计事务所（URBED）针对牛津地区提出的理想且可持续发展的城市建议[20]，并将其与霍华德1898年的计划进

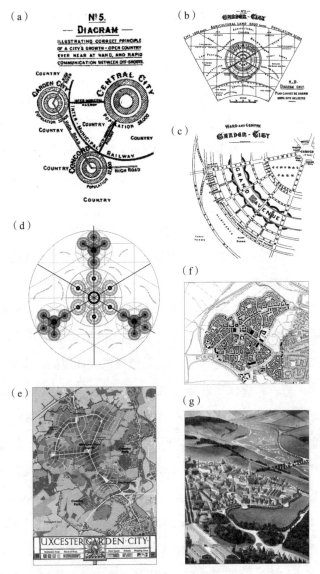

图8.3　新老花园城市：图（a）到（c）是1898年霍华德的规划；图（d）、（e）是
2015年"Uxcester"的新花园城市计划；图（f）、（g）展示了庞德伯里村的新城
市主义

行比较。有趣的是，URBED目前的计划包含许多在大多数现实城市中所看到的多样性和随机性。诚然，致力于这一提案的建筑师和规划师没有真正考虑任何定义所有城市的规模、形状和分布的正式原则，[21]但在非正式的方面，他们足够了解这些原则，从而能够向规划本身中注入一点儿这种思想。在图8.3（f）和（g）中，我们展示了由建筑师利昂·克里尔（Leon Krier）为英国的庞德伯里村设计的新城市主义的案例，它抓住了美国最近关于自给自足和可持续社区的想法。[22]

有一类理想城市是根据它们的交通状况来决定的。与霍华德提出的紧凑、径向同心的城市相对的线形城市的概念已经得到了一些支持。这些理想城市的提议将交通放在优先于所有其他方面的地位上。图8.4展示了最早一批线性城市的模型。如图8.4（a）所示，阿图罗·索里亚-马塔（Arturo Soria y Mata）的提议是将城市沿着一条快速铁路线路排列，这种安排无疑能提供更加便捷的交通。[23]如图8.4（b）所示，现代建筑研究会（MARS）的伦敦规划也提议把诸如伦敦这样的具有辐射状结构的大城市改造成南北走廊构成的网格。[24]考虑到伦敦主要的交通结构呈东西向，这种异乎寻常的结构就更加引人注目了。图8.4（c）所示的由卢埃林·戴维斯（Llewelyn Davies）、威克斯（Weeks）、福雷斯蒂尔-沃克（Forestier-Walker）和博尔（Bor）提出的以汽车为主导的米尔顿凯恩斯（英国新城镇的最后一个）的城市规划[25]，现在看来已经过时，因为公共交通已经被慢慢引入城市，弥补了并非每个人都能开车或者能够沿着没有人行道的道路步行上班的现实。最后但同样重要的是，已经有了无数

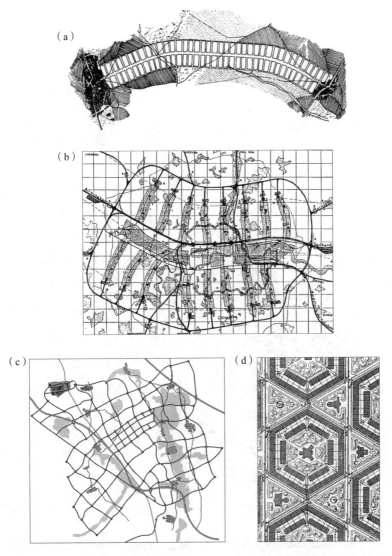

图8.4　20世纪理想化的城市规划方案：（a）西班牙马德里线形城市，1882年；
（b）现代建筑研究会制定的伦敦规划，1933—1942年；（c）米尔顿凯恩斯的新
城镇规划，1969年；（d）鲁道夫·米勒提出的未来之城，1908

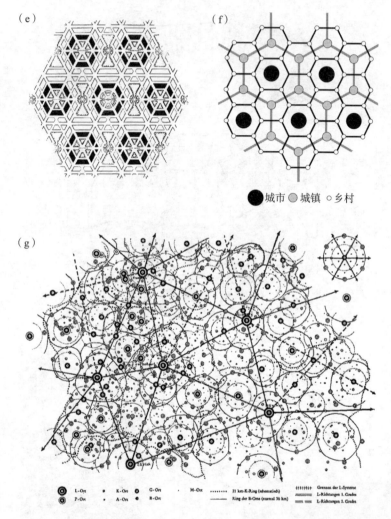

图 8.4（续）（e）兰姆的城市规划，1904 年；（f）克里斯塔勒理想中的市中心结构；（g）克里斯塔勒规划并实现的市中心结构，1933 年

的城市规划实验采用六边形网络结构，可能是因为这样的结构从空中看起来很好看。鲁道夫·米勒（Rudolf Mueller）在《未来的城市》（*The City of the Future*）中提出了两个奇怪的结构，他提出城市应该被布置成六边形以便于接近[26]，而查尔斯·兰姆（Charles Lamb）的城市规划是街道与六边形单元相交[27]。六边形的几何特性决定了它作为一个邻里单位会很有趣，但最终，尽管它很好地反映了克里斯塔勒的中心位置系统，[28] 该系统为城市的几何结构提供了强有力的经济基础，六边形结构也仅仅是一种理想类型。这些六边形结构如图8.4（d）至8.4（f）所示。

我们很容易批评这些理想类型，提出它们的作者没有将它们的形式与我们观察到的各种城市演化的方式联系起来，但这门学科的大部分内容都是在这些设计者们设计出理想结构之后很久才诞生的，而且对于什么构成了控制城市结构的基本法则并没有广泛共识。在某种程度上，尽管那些对城市未来进行推测的人常常用可视化这种最明显的形式来表达想法，例如二维的地图或规划，或者建筑物的三维视图，但这些构想属于一个逝去的时代。许多人用关于未来技术的想法来填充这些愿景，这些技术主要是机械技术，因为数字技术的不可见性使得我们很难根据我们在本章和前几章中介绍的新交互模式来呈现未来城市。依据多种原则，包括齐普夫定律、格莱泽悖论、冯·屠能的标准模型、威尔斯命题和托布勒的地理学第一定律来逐一分析所有这些对未来城市的展望是很有趣的。但是，我们不可能系统地做到这一点，因为这些展望在分析方面不够丰富，无法以这种方式拆解。事实上，尽管提出这些建议的人中肯定有一些人相信它们可以被实施，但它们仍然首先是思想实验，旨在展现可以用来帮助我们建立关于未来城市的交流框架的想法，而不是应当变成未来现实的建议。这些研究者对简单原则的关注可能有助于我们澄清我们对未来的讨论，但不会为我们提供现成的创造，无论如何，这些创造都必须自下而上地出现。

## 社会转型：城市中的空间不平等

当我们思考城市时，有很多事情需要考虑，而到目前为止，在这本书中，我们一直刻意回避社会层面的讨论。在这里，我们只能指出我们所支持的观点会在哪些方向上将城市社会结构向前推进，不过我们可以很容易地阐释物理形态是如何适应以加强或减少社会不平等的，社会不平等表现为不同身份的人（无论如何定义这些身份）的隔离方式。在第4章介绍的标准模型中，就有这样一个例子，它表明在与城市中心的辐射距离增加时，类似的土地利用形成的条带可能与不同收入和种族的群体有关。芝加哥就是代表之一，如第4章图4.4（b）所示。在这个过程中，一个群体可能会侵入一片邻里，从而形成演替，在这种演替中，另一个群体会为了更好的生活质量而转移到更远的地方。出现这种情况，可能是因为更富有，也可能更具权威的族群能够购买更多的空间，并负担得起更远离CBD的地方的交通费用。这种空间的释放为不那么富裕的群体发展了居住条件，如果这一过程继续下去，当外围地区距离城市太远而不能进一步沿着城市边缘蔓延，或者到中心地点所增加的出行成本超过相应的比例，抵消了在当地的任何利润时，情况就会发生巨大的变化。在发达城市中，这体现为一个群体的入侵，以及对一个流离失所群体的位置的接替，各个群体所占据的居住地带会定期扩散，直到城市停止发展或达到物理极限。在这种情况下，很可能会有一个重返城市的趋势，最贫穷的人会被较富有的群体所取代，因为这些更富有的群体支付离中心更近的地点的租金的能力更强。这个过程被称为绅士化，我们可以设想所有这些转变都会产生一系列的增长浪潮，随着城市人口的增加，这些浪潮会来回地变化。

这些变化的主要驱动力是人口增长。如果一个城市停止增长，衰落就开始了，那么入侵和演替的过程也会停止，取而代之的是衰败，就像底特律这样的美国大城市中发生的那样。当然，这从来没有这么简单，因为当地经济的驱动力也是人们选择生活和工作地点的关键因素，但是只有当城市发展壮大时，富人优先选择城市边缘的新地点，穷人接替富人曾经居住的地方的这一过程才会显现。事实上，即使一个城市停止增长并开始衰落，更富有的群体仍然可能会放弃城市内部而到郊区或更远的地方，底特律的例子同样展现了这一点。在包含这些过程的空间外壳内，还有一个依赖于正反馈的过滤过程，令不同的社会群体得以加强自身类型的区位和增长。例如，如果一个新的社会群体遇到一个合适的机会，找到了认可的位置，就可能预示着一个吸引类似群体，形成新兴集群的过程，随着这种工作机会的增长，它对该群体越来越有吸引力，该群体在城市中的地位也由此加强。这一过程可能伴随着那些已经在那个地方安置的人的逃离，典型的例子是美国城市中随着黑人社区的建立而出现的"白人逃离"现象。这不一定是贫民窟化，当然也可能是。它适用于任何两个或两个以上群体在城市中争夺空间的现象，其中一个群体由于在争夺焦点的邻里中更受青睐而逐渐变得更具主导性。

对于这一效应，有一种巧妙的展现方式，最初由托马斯·谢林提出。[29]想象一个由两个不同的社会群体均匀分布的位置网格。这两个群体分布如下：在网格的第一行，来自群体1的个体位于左侧的第一个正方形中，来自群体2的在第二个正方形中，来自群体1的在第三个正方形中，依此类推。在第二行中，第一个正方形中是来自群体2的个体，第二个来自群体1，第三个来自群体2，依此类推。在这种方式下，整个网格中的景观呈现为来自群体1和群体2的个体交替的西式跳棋棋盘图案。现在让我们假设这两个群体略微更偏向于生活在自己的同类中间，但是他们对这种一个个体被自己群体中的4个邻居和另一个群体中的4个邻居所包围的西式跳棋棋盘格的生活方式十分满足。也就是说，他们生活在和谐之中，没有任何变化。但是，如果他们中的一个改变自己的归属，从1改为2，那么在每一个与它相邻的位置上的平衡就会改变，改变归属的个体的相邻单元要么被3个同类所占据，要么被5个同类所占据，反之亦然。这种不平衡进而会引发一系列个体去改变其群体隶属关系。如果你被自己的5个同类和3个另类包围，你会很满意，但是两类人的数字对调，你就会不满意，然后开始考虑改变自己的属性。如果这个过程继续下去，通过一个正反馈的过程，将出现单个群体的集群或聚居区，棋盘式的景观将变成相当清晰的分离模式。在图8.5（a）和（b）中，我们展示了这两种图像。事实上，个体更倾向于改变的是自己的位置，

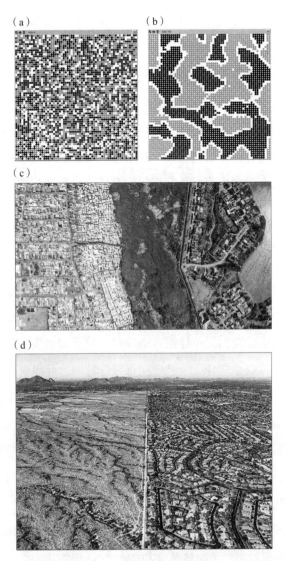

图 8.5　谢林关于隔离的模型：（a）两个随机分布的社会群体的初始图景；（b）分离后的隔离图景；（c）南非种族隔离的真实画面；（d）亚利桑那州凤凰城城市蔓延的边缘区域

而不是自己的群体归属，不过，要做到这一点，需要景观网格中留有足够的空间。如果我们创造出这样一个扩大的景观，让个体可以移动到最近的空单元，就会出现同样的分离模式。虽然由于空间的空旷，分离模式可能会不那么明显，但是，它仍然会发生。[30]

上述过程对于不同的社会群体在城市中产生、聚集和隔离的方式来说，究竟有多大的代表性？在某种程度上，除了我们所概述的过程之外还有更多内容。正反馈、没有任何侵入和演替发生的情况下从零开始出现隔离的集群，以及与移动或改变想法的过程相关的不同程度的黏性都影响着这类隔离发生的过程。随着城市的增长，种族隔离经常立即发生：某些地区会禁止某些群体占据，这不仅仅是因为人们获得现金资源或早期的所有权的能力不同，还在于政治和社会权力结构。图 8.5（c）显示了南非城市中与种族隔离相关的硬边界的例子。我们无须详细讨论这种现象是如何发生的，或者确切地说明这种现象是什么，只要注意到这种硬边界出现的唯一方式是通过对土地使用的政治控制。[31]这常常意味着某种激烈的歧视形式，与谢林模型相关联的较温和的偏好有所不同。[32]在图 8.5（d）中，我们将这与另一种相当不同的硬边界进行对比，后者是城市发展遇到物理约束、土地所有权造成的限制，或仅仅是发展过程的限制机制所形成的边界。[33]图 8.5（c）和（d）都显示了通过简单地观察城市形态并推断导致这些形态的功能是多么困难，因为后一种形态也可以很容易地通过类似于谢林模型中的聚类过程来创建。

收入、种族群体、社会阶级，以及社会结构的其他特征往往是相互关联的。尽管在研究城市的时候，这种关联显而易见，但仅仅从城市的模式——即我们在这本书中集中介绍的形式与功能中揭开引起这些差异的过程却很难。简言之，我们必须承认，在这本书中，我们几乎没有详述这类收入及其他不平等现象是如何产生的，尽管它们确实存在于城市的空间结构中。一般而言，空间竞争的过程依赖于正反馈，正是这些正反馈驱动了社会与空间的不平等现象，并带来了群体间的隔离，尽管我们还未能逐一详细地绘制出这种模型产生的方式。我们并不会为此感到抱歉，因为城市研究领域实在太庞杂了，急需把各种各样的方法和观点组合成一种综合的、包罗万象的视角。我们在这本书中集中讨论的是，在物理方面介入城市的结构（传统上是控制其形态，最近也开始控制其功能）可以通过何种方式影响城市居民的生活质量、城市的效率，以及标志着城市人口分布的资产净值。当然，我们想传递的信息是，随着城市形态的变化，尤其是新的技术将主导未来的城市，让形式与功能相分离，使得把城市凝聚在一起的各种相互作用发生巨大转变的过程中，这种物理主义也正在发生巨大的变化。关于如何发展出新的观点来思考与一些重大议题相关的问题，我们提出的这些挑战将会影响创造未来城市的进程。在下一节中，我们将简述这些重大议题。

## 大问题

　　读者可能会问，如果不谈论气候变化、低碳的未来、老龄化、移民、医疗保健、收入不平等、污染以及犯罪等不胜枚举的关键问题，该如何写一本关于未来城市的书呢？对此，我们已经含蓄地做出过多次回应，我们认为，针对这些问题的看法和对于如何解决这些问题的解读，是我们这本书的主要目的。然而，我们确实应该指出未来的方向，因为许多与形式和功能有关的问题与这些更大的问题有关。因此，让我们从气候变化开始来着手解决这些问题。不难理解，我们人类对自然系统的干扰，如大气中的臭氧层破坏和更局部的污染，已经导致热量的增加，这表现在碳含量的上升。在某种程度上，我们可以推测，人类对气候的影响可追溯到人类在地球上真正开始站稳脚跟并且世界人口开始不可阻挡地增长的时候。我们大致可以将这一时间追溯到黑暗时代的末期，但在当代，这当然是指第一次工业革命。如果气候变化的最坏影响与我们在前面的章节中所描述的人口增长同时发生，我们可能会认为，如果人口增长的速度在21世纪减缓到更为稳定的状态的话，那么我们对气候的影响就会减弱。

　　然而，这与现实相去甚远，因为与此同时，世界正在变得更加富裕，我们发明干扰地球系统的新技术的能力也正变得越来越强。一些人认为，无论如何，损害已经造成，而随着时间的推移，气候变化所带来的负面影响也将变得更加严重。洪水将是一个主要后果，而降水量和可接受的热量水平也会发生改变。减轻这些影响，则需要消耗更多的资源。城市的框架结构和区位也需要适应这些影响。防洪不会改变人口分布，只会保护既有的发展，在洪水多发地区进行人口迁移或停止发展的策略或可避免最坏的后果发生。在大多数的近海城市（世界上真正的大城市中有三分之二位于沿海地区），可能在最富有和最重要的地区，防洪和规避策略是有必要的，如曼哈顿、伦敦、上海、东京等中心城区都需要更多的资源来阻止涨潮，防止水灾。应用于世界最大城市的标准模型，如第4章的图4.4（b）中呈现的芝加哥的模型，仍将是未来的原型。

我们有许多方法可以减少对气候决定因素的影响，从停止砍伐亚马孙雨林到减少汽车使用，同时以步行和骑自行车的方式代替汽车，从而减少为我们的移动总体模式提供动力的资源。整个能源使用问题都与气候变化有关。我们为推动低碳未来可能做的许多事情，对于在减少气候变化的影响方面产生积极和持久的反应来说至关重要。远离化石燃料、发展具有更大自主性的电动汽车是主要措施，但是转向使用更少能源和产生更少污染的替代交通方式也很重要，与此同时，人们对肥胖和健康的普遍关注也支持转向更可能无碳的替代交通方式。本书中已经强调过多次，我们很难估计某些措施会给城市形态带来怎样的后果。如果人们使用公共交通工具比选用私人交通工具花费的出行时间相同并享受到相同的服务水平，但成本更低，这就意味着他们可以进行更多的出行或减少出行频率，从而大大节省能源成本。

从托布勒所写的"一切事物都与其他事物相关，但近处事物比远处事物更为相关"[34]的意义而言，如果能全面减少能源消耗，城市将变得更加紧凑。能源密集型事物和系统也需要适应，但无论如何这是累积创新、创造性破坏和连续发明的本质。将运输中的能源使用效率提高到运输成本只占收入中极低的比例，也并不一定会令每个人都住进电子化住宅中，但往往会以我们难以想象的方式改变现有的出行和位置模式。这可能是现有交通运输成本面的简单变形、集中或扩散，但是这些仅为一阶影响。当考虑乘数效应或二阶效应时，这些变化仍有可能将城市整体分解成我们无法想象的形式，尽管近50年来，这类变化已经显露出了一些征兆。运输的相对单位成本一直在下降，但这种分解实际上并没有发生。事实上，情况几乎正好相反，大城市的CBD在吸引商业发展方面越来越占主导地位。在一些城市，随着居民开始寻找比郊区更有吸引力的中心位置，城市中心的衰落正在逆转。事实上，不断下降的能源成本似乎服从于格莱泽悖论，[35]随着远距离连接成本的下降，邻近度变得越来越有价值。

在这本书一开始，我们就提出了一个相当确定的预测，即世界人口不会爆炸，也不会带来马尔萨斯在18世纪末期预测的那些可怕的后果。这与我们认为的我们无法预测未来的论点多少有些矛盾，但在某种程度上，认为未来无法预测，恰恰代表我们坚信人口不会转向未知比例的奇点。我们认为，恰恰相反，随着世界范围内人口转变的开始，人口将稳定下来。个中原因在于出生率下降，而不是寿命的增加或是老龄化的出现，尽管事实上，只要医疗技术按照目前的进展继续发展下去，处于稳定状态的人口可能继续老龄化。以上种种存在各种可能性，而且事实上，我们现在正站在这些可能性的分水岭上，医疗的高速发展即将到来。在这样一个世界中，我们的城市仍将增长和衰落，但主要的变化将是人口迁移带来的增长或衰落。我们已经看到，迄今为止，人口主要从较落后地区向较发达地区转移，但未来的迁移将随着各种各样的人类活动形成不同类型的流动，既包括在全球化程度不断加深的背景下的商业和贸易，也包括世界上的穷人向较富裕地区的转移。这些流动已经在城市中产生影响，表现为不同种族和社会群体之间日益加剧的紧张关系以及就业市场上日益激烈的竞争及其推动的工资升降。然而，它们对城市规模和形状的影响还不明确。到目前为止，所有这些趋势似乎都支持了格莱泽悖论，城市越大，它在更广泛的区域中的焦点地位就越突出。

当我们开始更仔细地研究人口老龄化的影响时，会发现事实上人口老龄化的长期后果是极其不清晰的。在前面的章节中，我们提到预期寿命从工业革命开始，也可能是稍早，从欧洲黑暗时代结束、文艺复兴开始的时候开始稳步增长。然而，毫无疑问，医疗保健的进步来自技术创新，这些创新带来了经济繁荣，这反过来又促进了通过药物和更直接的干预措施来对抗疾病以延长寿命的技术的发展。库兹韦尔提出的真正全新的进展前景[36]仍然是一个超出我们预期范围的预测，比起医学和医疗保健，它更属于我们对人工智能的猜测领域。然而，毫无疑问，随着现代医学的发展，我们自身身体机能不断增强，库兹韦尔所设想的那种奇点越来越有可能出现。鉴于未来在很大程度上是未知的，这是我们所能做出的最清晰的预测。赫拉利（Harari）在对我们未来发展史强有力而相当悲观的评论中明确地表明了这一切，他说："许多学者试图预测2100年或2200年的世界会是什么样子。这就是浪费时间。任何有价值的预测都必须考虑到重塑人类思维的能力，而这是不可能的。"[37]

身体虚弱的老龄人口正因医疗革新而增加，这将成为世界城市面临的一个主要问题，交通和区位可能会受到很大的影响。例如，中国人口正在迅速老龄化，但与邻近的日本不同，中国高层住宅的数目大规模增长，而这对于流动性有限的人口来说似乎不可持续。也许机器人技术的进步将在局部范围内解决这类问题，但这也是最不确定之处。回过头来看第6章对摩天大楼的讨论，我们向上建造的能力带来的一个结果是，这种技术总在加快发展的步伐。但是，这些技术可能存在局限性，而且可能会由于无法克服的技术限制而达到一个硬性上限。正如赫拉利在对我们无法预测未来的评论中所表明的那样，这个未来似乎变得越来越不可知，但就像波普尔在我们第1章的论点中所令人信服地解释的那样，它似乎并不比以往任何时候都更不可知。

对于所有这些可能的发展，我们可以介绍更多，但这需要我们更广泛地深入思考应该如何看待未来城市的问题。很明显，所有这些问题都相互关联。我们周围看到的城市，以及我们将来要建造和创造的城市，将是所有这些压力、力量和愿望的综合体。最大的挑战是探索并揭示未来城市从最明显的物理条件上看会是什么样子，因为它们将同过去与现在一样，展现出强大的自下而上涌现出的秩序，只不过秩序将会不同于过去与现在的秩序。这些差异将自下而上地展现出来。因此，自上而下的愿景本质上是"思想实验"，即使实施这些愿景，最终的效果也将与最初的倡导者所期望的非常不同。我们只能用艾伦·图灵关于未来人工智能前景的观点来总结本书。他写道："我们只能看到前方很短的距离，但我们可以看到很多需要做的事。"[38] 对于创造未来城市而言，这在很大程度上是类似的。

# 第 1 章

1. Karl Popper's argument that the future is inherently unpredictable was first formalized in 1934 in terms of the scientific method and published in his book *The Logic of Scientific Discovery* (London: Routledge and Kegan Paul, 1959; first German edition published in 1934). He broadened his argument to society at large in *The Poverty of Historicism* (London: Routledge and Kegan Paul, 1957).

2. Denis Gabor, *Inventing the Future* (London: Secker and Warburg, 1963), 135; and Alan Kay quoted by Deborah Wise, "Experts Speculate on Future Electronic Learning Environment," *InfoWorld* 4, no. 16 (1982): 6.

3. N. Taleb, *The Black Swan: The Impact of the Highly Improbable* (New York: Random House, 2007).

4. Bertrand Russell in *The Problems of Philosophy* (Oxford, UK: Oxford University Press, 1912) first used this example, but it is widely used in introductory expositions of the philosophy of science and scientific method; see, for example, Alan Chalmers, *What Is This Thing Called Science?*, 3rd ed. (Maidenhead, UK: The Open University Press, 1999).

5. Popper, *Scientific Discovery*.

6. In their book *Superforecasting: The Art and Science of Prediction* (New York: Random House, 2015), Tetlock and Gardner provide countless examples of situations where we can generate quite good predictions in the short term, particularly where our responses to events are immediate, almost instinctive. However, they also show that as the complexity of the phenomena in question increases, such predictability quickly disappears.

7. In *The Death and Life of Great American Cities* (Random House, New York, 1961)—one of the most prescient books about cities ever written—Jane Jacobs drew on developments in the emerging science of self-organization and complex systems to argue her case for minimal intervention in the attempt to solve cities' evident problems of congestion and poverty. Her book reflects this argument in its last chapter.

8. Jacobs was already writing in 1958 about American cities as, for example, in her journalistic work on urban sprawl. See W. H. Whyte, F. Bello, S. Freedgood, D. Seligman, and J. Jacobs, *The Exploding Metropolis* (Garden City, New York: Doubleday and Company, 1958).

9. Warren Weaver's address was given in 1947, and his paper first published as "Science and Complexity," *American Scientist* 36 (1948): 536–544.

10. Ludwig von Bertalanffy developed the idea of general system theory in the 1930s, but the best guide to the field is his *General System Theory* (Harmondsworth, UK: Penguin Books, 1972).

11. John Holland makes this point quite coherently using the example of the city in his book *Hidden Order: How Adaptation Builds Complexity* (Reading MA: Addison-Wesley, 1995), 1–2.

12. Philip Anderson, another of the founders of complexity theory and a Nobel Laureate in low-temperature physics, summarized the essence of complexity theory in the title of his paper "More Is Different," *Science*, 177, no. 4047 (1972): 393–396.

13. In John Holland, *Emergence: From Chaos to Order* (Reading, MA: Perseus Books, 1998), 1. Mies van der Rohe, the last director of the Bauhaus School, adopted the term as his cliché for minimalism in architecture. It has been used by others for simplicity in art and science: see https://en.wikipedia.org/wiki/Minimalism#Less_is_more_.28architecture.29.

14. Rittel, in an unpublished paper originally written in 1969, was inspired by an editorial written by C. West Churchman ("Wicked Problems," *Management Science* 14, no. 4 [1967]: B141–B142) in which he (Churchman) defined many problems in management as being "wicked" in the sense that obvious solutions turned out to be not so obvious, or indeed perverse. Rittel, spurred on by Melvin Webber, then generalized the argument from design to the policy and planning sciences in their paper H. W. J. Rittel and M. M. Webber, "Dilemmas in a General Theory of Planning," *Policy Sciences* 4 (1973): 155–173. Much has been written about wicked problems since this seminal paper; a good summary is contained in a 2016 special issue of *Landscape and Urban Planning* edited by Brian Head and Wei-Ning Xiang. There is a little poem by Piet Hein that sums up the dilemma those dealing with complex systems like cities will always face: "Problems worthy of attack prove their worth by fighting back" (*Grooks 1*, Doubleday and Company, New York, 1969).

15. E. Lorenz, "Predictability: Does the Flap of a Butterfly's Wings in Brazil Cause a Tornado in Texas?" Paper given to the 139th meeting of the American Association for the Advancement of Science in 1972; available at http://eaps4.mit.edu/research/Lorenz/Butterfly_1972.pdf.

16. C. Alexander, *Notes on the Synthesis of Form* (Cambridge, MA: Harvard University Press, 1962). This was his PhD thesis, and it was highly resonant with the arguments

used by Jacobs in her famous book *The Death and Life of Great American Cities*. But it is not clear that Alexander was aware of her work when he wrote his thesis. In essence, they are both saying the same thing about how cities should be developed and designed: slowly, surely, adapting to their context, and avoiding the kind of disruptions that occur when large-scale redevelopment and renewal take place or when new development at a mega-scale destroys a well-adapted system that has evolved into a stable state or niche.

17. Le Corbusier coined the phrase in 1927 in the original edition of his book *Towards a New Architecture* (New York: Dover, 1985).

18. In the following chapters, we will informally introduce five principles attributed to those who first introduced these ideas, namely Zipf in 1949; Glaeser in 2012; von Thünen in 1826; Wells in 1902; and Tobler in 1970. The principles all relate to size, flow, interaction, density, and transport. They are not necessarily all inclusive of everything we know about the structure and dynamics of cities, and others have spelled these principles out in related ways. But they provide some minimal structuring of our argument for how past as well as future cities have and will evolve; see my own book, *The New Science of Cities* (Cambridge, MA: MIT Press, 2013); and Marc Barthelemy's 2016 book *The Structure and Dynamics of Cities* (Cambridge, UK: Cambridge University Press).

19. Reported by Pascal-Emmanuel Gobry in 2011 in "Facebook Investor Wants Flying Cars, Not 140 Characters," *Business Insider*, July 30, 2011, http://www.businessinsider .com/founders-fund-the-future-2011-7?IR-T.

20. George Kingsley Zipf first formalized, and to an extent popularized, the "law" that bears his name in his 1949 book *Human Behavior and the Principle of Least Effort* (Cambridge, MA: Addison-Wesley). Others before him, however, observed that in many different systems, the objects that comprise them are ordered regularly from a single largest object to many small objects, the order being formalized as a "power law." Zipf's law has since been applied to many different social, natural, and physical systems. This prompted the Nobel Laureate Paul Krugman in 1996 (in his paper "Confronting the Mystery of Urban Hierarchy," *Journal of the Japanese and International Economies* 10: 399–418) to say: "The usual complaint about economic theory is that our models are oversimplified—that they offer excessively neat views of complex, messy reality ... in one important case, the reverse is true: we have complex, messy models, yet reality is startlingly neat and simple" (399). He points to Zipf's law for cities as containing an "astonishing empirical regularity," almost an iron law for the social sciences.

21. George Gilder, the author of many futures-oriented books on information technology such as *Telecosm: The World After Bandwidth Abundance* (New York: Simon and Schuster, 2000), is quoted in 1995 by Rich Karlgaard and Michael Malone in "City vs. Country: Tom Peters and George Gilder Debate the Impact of Technology on Location," *Forbes ASAP*, February 27, 1995: 56–61.

22. This paradox is spelled out rather clearly by Edward Glaeser in his 2012 book *Triumph of the City: How Our Greatest Invention Makes Us Richer, Smarter, Greener, Healthier, and Happier* (New York: Penguin Books). This in many ways is an early 21st century equivalent of Jacobs's *Death and Life of Great American Cities*, but incorporates many of the insights derived from urban economics and regional science developed during the last half-century.

23. L. H. Sullivan, "The Tall Office Building Artistically Considered," *Lippincott's Magazine*, March 23, 1896, 403–409.

24. Johann Heinrich von Thünen articulated his theory from his reflections about the organization of different land uses with respect to the market for the agricultural goods he produced on his estate in Mecklenburg. The essence of his theory is that those who value nearness to the market more than other producers will outbid those producers for the right to use land near the market. The market will thus clear when the trade-offs between the rents paid and the transport costs to the market are zero for all producers. This idealization of an economic market became the basis for the development of urban economics in the 1960s, almost 150 years after von Thünen had published his theory in 1826 in his book *Der Isolierte Staat*; the basic theory is contained in volume I. Peter Hall acted as editor to a translation of the volume by Carla M. Wartenberg in 1966, which appeared as *Von Thünen's Isolated State* (Oxford, UK: Pergamon Press).

25. Our flirtation with the notion that cities evolve from the bottom up rather than being planned from the top down is reflected in books from the time of Patrick Geddes, who in 1915 published *Cities in Evolution* (London: Norgate and Williams), all the way to my own recent contribution in *The New Science of Cities*.

26. H. G. Wells wrote a long essay in 1902 called *The Probable Diffusion of Great Cities*, in which he speculated how all of England would become one sprawling mass as population diffused from London. On this he based his proposition that the location of population and the means of transportation are entirely interdependent. This essay is included in his book *Anticipations*, which is online at http://www.gutenberg.org/ebooks/19229.

27. In 1970, in an almost throwaway line, Waldo Tobler wrote: "I invoke the first law of geography: everything is related to everything else, but near things are more related than distant things." This is from his paper "A Computer Movie Simulating Urban Growth in the Detroit Region," *Economic Geography*, 46, supplement, 234–240.

28. Frances Cairncross is generally acknowledged as being the popularizer of the phrase "the death of distance," from the title of her *Economist* article, which she turned into her book *The Death of Distance: How the Communications Revolution Is Changing Our Lives* (Cambridge, MA: Harvard Business Review Press, 2001). But the phrase has been used in various guises by a succession of scholars who have commented on the annihilation of distance by new transport technologies since the invention of the railway, the telegraph, and telephones in the late 18th to late 19th centuries.

29. Nicholas Negroponte characterizes the great transition as a transformation from a society based on "atoms" to one based on "bits"; see his 1995 book *Being Digital* (New York: Alfred A. Knopf). This transformation is akin to that from mechanical to electrical, non-digital to digital, no city to city, energy to information, and a host of other dichotomies that divide the old world from the new.

## 第 2 章

1. Hawking's 1998 speech, "Science in the Next Millennium," deals with exponential population growth. But it is clear that his view of the future nearly 20 years ago was not informed by the fact that world population growth was slowing massively and just beginning to show all the features of logistic or S-shaped growth, moving to saturation by the end of the 21st century; see https://clintonwhitehouse4.archives .gov/Initiatives/Millennium/shawking.html.

2. The demographic transition occurs when a society moves from a condition where high birth rates and high death rates dominate and where the average lifespan is low—around 30 years (as for most societies prior to the Industrial Revolution)—to one characterized by low birth and death rates. This appears to occur when the society becomes richer and more technologically advanced. Several scholars drew attention to this feature of Western industrialized society about a century ago, but the term is usually attributed to Warren Thompson; see his 1929 article "Population," *American Journal of Sociology* 34, no. 6: 959–975.

3. Hawking, "Science in the Next Millennium."

4. Negroponte, *Being Digital*.

5. In 1798, in *An Essay on the Principle of Population*, Thomas Malthus speculated that we were headed for catastrophe. In the late 18th century, the population was growing exponentially, while the supply of food, he reasoned, could only grow linearly. He did not anticipate the Industrial Revolution, although he was in its vanguard. Denis Meadows and a team from the Sloan School at MIT, influenced very much by Jay Forrester's models of system dynamics, speculated on a similar future in 1972 in their book *The Limits to Growth: A Report for the Club of Rome's Project on the Predicament of Mankind* (New York: Universe Books). The MIT team, like Malthus before it, did not anticipate developments in information and related technologies, for the microprocessor had only just been invented when they published. These are legendary examples of the limits to our abilities to predict the future, especially when we are so close to it!

6. Heinz von Foerster and his colleagues examined world population growth and suggested that the best-fitting equation for the last 2,000 years was of the form $P(t) \propto T^{-1}$, where $P(t)$ is the population at time $t$ and $T$ is the difference between the time when the population of the world becomes infinite $t_d$ and the current time $t$; that is, $T = t_d - t$. When we plot the data for $P(t)$ against $t$, as in figure 2.2, this enables us to

predict "Doomsday," when the world's population effectively becomes infinite. In fact, figure 2.2 shows the reciprocal of population $1/P(t)$ plotted against $T$, from which it is easier to see when Doomsday occurs; for a detailed explanation, see H. von Foerster, P. M. Mora, and L. W. Amiot, "Doomsday: Friday, 13 November, A.D. 2026," *Science* 132, no. 3436 (1960): 1291–1295.

7. The data set we have used is culled from the UN Population Division data, along with the ancient cities databases developed by Tertius Chandler in 1989 and George Modelski in 2003.

8. In figure 2.8, below, we show what has been happening to the forecast year of von Foerster's Doomsday during in the last 50 years. Using much better 2017 data from the UN Population Division ("World Population Prospects: The 2017 Revision"), by the year 2000, Doomsday is predicted to be 2044, by 2015 to be 2120, and so on. The curve marking out this transition to a world of zero population growth is the reciprocal of total population until 2015 and beyond. It shows how ever more improbable is the existence of such an event horizon.

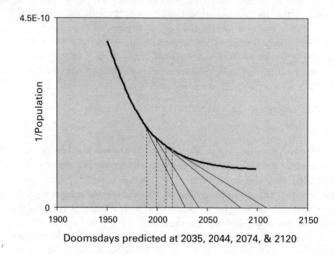

Doomsdays predicted at 2035, 2044, 2074, & 2120

9. Ray Kurzweil has written many papers and books on the "singularity." He defines 2029 as

the consistent date I have predicted for when an AI [artificial intelligence] will pass a valid Turing test and therefore achieve human levels of intelligence. I have set the date 2045 for the "Singularity" which is when we will multiply our effective intelligence a billion fold by merging with the intelligence we have created.

This is taken from https://futurism.com/kurzweil-claims-that-the-singularity-will-happen-by-2045, and elaborated in his most popular book, *The Singularity Is Near* (New York: Viking Press, 2005).

10. Popper, *Poverty of Historicism* and *Scientific Discovery*.

11. The UN Population Division update their estimates of future population yearly; their latest report at the time of writing is "World Population Prospects: The 2017 Revision." See volume I, Comprehensive Tables, available at https://esa.un.org/unpd /wpp/Publications/Files/WPP2017_Volume-I_Comprehensive-Tables.pdf.

12. Following Henri Lefebvre's work on defining cities as urban places in his *Writings on Cities* (Oxford UK: Blackwell, 1996), Neil Brenner has collected a series of useful articles on new ways of thinking about urban agglomerations and the definition of cities in his edited volume *Implosions/Explosions: Towards a Study of Planetary Urbanization* (Berlin: Jovis Verlag, 2014).

13. Peter Hall, who wrote the first book in 1966 with the title *The World Cities* (London: Weidenfeld and Nicolson), did not coin the phrase. The origin appears to have been Patrick Geddes in his 1915 *Cities in Evolution*. It is likely, however, that the word came into use a little earlier—but not, of course, before the new world was discovered, and probably sometime in the 19th century.

14. Reba, M., Reitsma, F., and Seto, K. C. (2016) Spatializing 6,000 Years of Global Urbanization from 3700 BC to AD 2000, *Scientific Data*, 3, 160034, doi:10.1038/ sdata.2016.34.

15. This database has been constructed from a synthesis of remotely sensed data, local land use coverages, and population data from administrative units. For details and applications, see L. Dijkstra and H. Poelman, "A Harmonised Definition of Cities and Rural Areas: The New Degree of Urbanisation," Regional Working Paper 01/2014 (2014), European Commission Directorate-General for Regional and Urban Policy; and M. Pesaresi and S. Freire, "GHS Settlement grid following the REGIO model 2014 in application to GHSL Landsat and CIESIN GPW v4-Multitemporal (1975–1990–2000–2015)," European Commission, Joint Research Centre (2016), http://data.europa.eu/89h/jrc-ghsl-ghs_smod_pop_globe_r2016a.

16. R. Cura et al., "The Old and the New: Qualifying City Systems in the World with Classical Models and New Data," *Geographical Analysis* 49, no. 4 (2017): 363–386.

17. P. E. Gerland et al., "World Population Stabilization Unlikely This Century," *Science* 346, no. 6206 (2014): 234–237.

18. Karlgaard and Malone, "City vs. Country."

19. Although the distribution of city sizes in the United States and elsewhere has remained stable for over 200 years, cities move up and down the rank order quite rapidly. This is a real puzzle, in that it would appear the distribution of cities is highly stable, thus reflecting a competitive equilibrium. But in reality, this is not the case, for cities of different sizes always appear to be jostling for pride of place: see Paul Krugman, *The Self-Organizing Economy* (Boston: Blackwell, 1996); and M. Batty, "Rank Clocks," *Nature* 444 (2006): 592–596.

20. Nordpil, "World Database of Large Urban Areas, 1950–2050," Stockholm Resilience Center, Stockholm University, Stockholm, https://nordpil.com/resources/world-database-of-large-cities.

21. Zipf first introduced his law for the rank order of word frequencies in *Human Behavior and the Principle of Least Effort*. Only later in this book did he explore the notion that the frequency distribution of objects that followed his law were best graphed in terms of their rank and size. The rank, in fact, is the counter-cumulative distribution, which is formed by accumulating the frequencies from largest to smallest.

22. Batty, *New Science*.

23. In 1931, Robert Gibrat examined the statistical properties of skewed frequency distributions in his book *Les Inégalités Économiques* (Paris: Recueil Sirey). More recently, his work has been linked to scaling laws, particularly Zipf's law. Despite a very large number of articles on such laws, the field is still somewhat inchoate, in that good, consistent explanations of how and why such distributions emerge, remain stable in aggregate, and yet exhibit volatility in terms of their disaggregates, are lacking; see M. Cristelli, M. Batty, and L. Pietronero, "There Is More than a Power Law in Zipf," *Scientific Reports* 2, no. 812 (2012), doi:10.1038/srep00812.

24. We have chosen 10 billion as the upper limit. Gerland et al. forecast 9 million, while the current UN estimate (from their "World Population Prospects: 2017 Revision") is 11 billion. To work out these estimates, we simply scale the rank-size curve in figure 2.7 upward assuming the same shape. Assuming that the smallest cities are of order 1,000 population, we then figure how the intervals for each city size add to a total of 10 billion to preserve the shape of the observed rank-size distribution. This is a fairly cavalier method, however, because it assumes that there are no settlements below 1,000 persons, and we know this will never be correct. All it enables us to do is speculate about future city sizes.

25. Jane Jacobs argues in this book that, notwithstanding the move from a nomadic, tribal existence to settled agriculture some 10,000 years ago, urbanization began prior to this in small enclaves consisting of tribal members whose skills led them to specialize in producing items for their community that were beyond mere subsistence. The evidence on this is mixed, but it is consistent with what we know about early innovation and the development of agriculture; see Jacobs, *The Economy of Cities* (New York: Random House, 1969).

26. M. Batty, "Optimal Cities, Ideal Cities," *Environment and Planning B: Planning and Design* 42 (2015): 571–573.

27. Mark Jefferson coined the term "primate city" in his 1939 article "The Law of the Primate City" (*The Geographical Review* 29: 226–232), while Didier Sornette and his colleagues have extended the notion of big cities being outliers from their power laws, which they call "Dragon-Kings"; see V. F. Pisarenko and D. Sornette, "Robust

Statistical Tests of Dragon-Kings Beyond Power Law Distributions," *European Physical Journal Special Topics* 205 (2012): 95–115.

28. Eric Brynjolfsson and Andrew McAfee first argued that we are in a *Race Against The Machine*—the title of their first book, published by the Digital Frontier Press (2011). They followed this up with *The Second Machine Age: Work, Progress, and Prosperity in a Time of Brilliant Technologies* (New York: W. W. Norton & Company, 2014). The fourth Industrial Revolution is the term introduced by Karl Schwab in his book of the same name, *The Fourth Industrial Revolution* (New York: Portfolio Penguin, 2016).

# 第 3 章

1. Lewis Mumford's writings about cities are particularly relevant to the perspectives developed here. The many different dimensions he uses to characterize a city are always related to how cities are structured in space and evolve over time. These he develops in several books, but his last significant writings are contained in *The City in History: Its Origins, Its Transformations, and Its Prospects* (New York: Harcourt, Brace & World, 1961). Peter Hall, in his *Cities in Civilization* (New York: Pantheon, 1998), completes the history up until the end of the 20th century, but neither author (nor many of their ilk) anticipated the dramatic changes happening with respect to the physical form of cities, now dominated by information technologies; see M. Batty, "Cities in Civilization," *Regional Studies* 51 (2017): 1282–1284.

2. The idea that cities represent hubs of innovation in the economy has become ever more important as the proportion of urbanized population has grown. As noted in chapter 2, if by the end of the 21st century most of us are living in cities, it is quite obvious that cities will be the crucible for all innovation and their applications. This is certainly alluded to by Hall and is implicit in his book, *Cities in Civilization*, but it is also key to Glaeser's arguments in *Triumph of the City*, page 10, from which the quote is taken.

3. In his *Principles of Economics*, first published in 1890, Alfred Marshall only implicitly dealt with agglomeration economies, and it was left to his successors to give his ideas substance in terms of increasing returns. The nearest he got to specifying such economies is this (book IV, chapter X, section 3):

> When an industry has thus chosen a locality for itself, it is likely to stay there long: so great are the advantages which people following the same skilled trade get from near neighborhood to one another ... if one man starts a new idea, it is taken up by others and combined with suggestions of their own; and thus it becomes the source of further new ideas. And presently subsidiary trades grow up in the neighborhood, supplying it with implements and materials, organizing its traffic, and in many ways conducing to the economy of its material.

4. Batty, *New Science*.

5. Robin Dunbar worked out that humans rarely have more than about 150 stable social relationships they count as acquaintances with whom they can engage easily.

He calculated this from correlations between the size of social groups and brain sizes among primates in a series of papers more than 20 years ago. See R. I. M. Dunbar, "Neocortex Size as a Constraint on Group Size in Primates," *Journal of Human Evolution* 22, no. 6 (1992): 469–493.

6. The small-world phenomenon was in fact first posed by Frigyes Karinthy, a Hungarian author who wrote about it in the 1920s, while Manfred Kochen and Ithiel de Sola Pool raised it as a formal sociological problem in the 1950s. Stanley Milgram popularized it in his paper "The Small-World Problem," from *Psychology Today* 1, no. 1 (1967): 61–67. It remained a relative curiosity until it was resurrected by Duncan Watts in his PhD thesis as part of the emerging science of networks and published in his book *Small Worlds: The Dynamics of Networks between Order and Randomness* (Princeton, NJ: Princeton University Press) in 1999.

7. Metcalfe's law was first articulated in 1980 by Bob Metcalfe, who invented the Ethernet at Xerox PARC. In fact, in its original form, he suggested that the power of a network is dependent upon the number of devices connected to it—its power varies as the square of the number of devices—and only later after George Gilder reformulated it (in *Telecosm: How Infinite Bandwidth Will Revolutionize Our World*), did it come to refer to the number of users connected to the network; see R. Metcalfe, "Metcalfe's Law after 40 Years of Ethernet," *Computer* 46 (2013): 26–31.

8. Herbert Simon defines the logic of hierarchy as the process whereby system elements can be aggregated together to produce a resilient system. The gist of it is as follows: resilient systems can only be assembled from a set of basic elemental components in a strict or overlapping hierarchy. In the case where one of these basic elements might fail, it only affects the subsystem that this component relates to, so the whole structure does not fall apart. Simon developed this idea using his parable of two Swiss watchmakers, one of whom built watches hierarchically and whose watches remained intact and workable; and another who built them all of one piece whose watches often fell apart. See H. A. Simon, "The Architecture of Complexity," *Proceedings of the American Philosophical Society* 106 (1962): 467–482.

9. Christopher Alexander observed that, in many city plans, neighborhoods were organized in very simple nested forms: see his papers "A City Is Not a Tree (Part I)" *Architectural Forum* 122, no. 1 (April 1965): 58–62; and, for part II, *Architectural Forum* 122, no. 2 (May 1965): 58–62. He showed that such simple hierarchies could not generate the kind of diversity Jane Jacobs spoke about in *The Death and Life of Great American Cities* (New York: Random House, 1961), yet he was well aware of the logic of hierarchies as laid out by Herbert Simon in his seminal paper ("Architecture of Complexity"). In fact, his argument is that neighborhoods, cities, and regions are structured as much more complex forms of overlapping hierarchies or lattices. His paper has resonated down the years, to the point where its influence on the field has recently been celebrated; see M. W. Mehaffy, ed., *A City Is Not a Tree*, 50th anniversary edition (Portland, OR: Sustasis Press in association with The Center for Environmental Structure, 2016).

10. Jacobs, *American Cities*; and Glaeser, *Triumph of the City*.

11. W. Christaller, *Die Zentralen Orte in Siiddeutschland* (Jena, Germany: Gustav Fischer Verlag, 1933). Published in English as *Central Places in Southern Germany*, trans. C. W. Baskin (Englewood Cliffs, NJ: Prentice Hall, 1966).

12. Patrick Geddes and Max Weber are two of several scholars who in the early 20th century articulated notions about how we might classify cities of different scales and sizes. They develop these ideas in their books: Geddes's *Cities in Evolution* and Weber's *The City* (Glencoe, NY: The Free Press, 1966), originally published in 1921. It is worth noting, however, that Adna Weber (no relation) wrote a much more technical book in 1899 called *The Growth of Cities in the Nineteenth Century* (New York: Columbia University Press), which complements these better-known works.

13. Geddes, *Cities in Evolution*, 34, 5.

14. Mumford's views about the future of cities, which became ever more pessimistic as the 20th century wore on, are best captured in his book *The Culture of Cities* (New York: Harcourt Brace and Company), published in 1938. He was castigated for these by Jacobs in her own seminal book (*American Cities*, 20–21), which offered a much more optimistic picture of the future of cities.

15. Although Geddes defined the term megalopolis, Jean Gottmann popularized it in 1966 in his book *Megalopolis: The Urbanized Northeastern Seaboard of the United States* (New York: The Twentieth Century Fund).

16. Doxiadis's 1975 article, "Action for Human Settlements" (*Ekistics* 40, no. 241: 405–448), contains his speculations about the size and scale of future cities, but it is worth looking at his more expansive writings: see C. A. Doxiadis, *Ekistics: An Introduction to the Science of Human Settlements* (New York: Oxford University Press, 1968). Some perspective on what might now seem to be extreme forecasts about a future world population is necessary, since Doxiadis was writing at a time when the net growth rate of the world's population was the greatest it had been in modern times. Since then, as demonstrated in chapter 2, the great transition has begun.

17. R. Burdett and D. Sudjic, eds., *The Endless City* (London: Phaidon Press, 2007).

18. N. Brenner and C. Schmid, "Toward a New Epistemology of the Urban?," *City* 19, no. 2–3 (2015): 151–182.

19. C. Cottineau, E. Hatna, E. Arcaute, and M. Batty, "Diverse Cities or the Systematic Paradox of Urban Scaling Laws," *Computers, Environment and Urban Systems* 63 (2017): 80–94.

20. Organisation for Economic Co-operation and Development, "Definition of Functional Urban Areas (FUA) for the OECD Metropolitan Database," 2013, https://www.oecd.org/cfe/regional-policy/Definition-of-Functional-Urban-Areas-for-the-OECD-metropolitan-database.pdf.

21. One of the most comprehensive books on network science is that by A.-L. Barabási and M. Pósfai, *Network Science* (Cambridge, UK: Cambridge University Press, 2016). The development of network science with respect to cities is key to the monograph by M. Barthelemy, *The Structure and Dynamics of Cities* (Cambridge, UK: Cambridge University Press, 2016); and to M. Batty, *New Science*.

22. Open Street Map was originally conceived by Steve Coast when he was an intern at the Centre for Advanced Spatial Analysis and in the Bartlett School of Architecture at University College London. It is one of the most exciting and innovative methods of crowdsourcing in the spatial domain. For developed countries, the maps produced are as good if not better than those from their equivalent national mapping agencies.

23. Batty, *New Science*.

24. E. Arcaute et al., "Cities and Regions in Britain through Hierarchical Percolation," *Royal Society Open Science* 3, no. 150691 (2016), doi:10.1098/rsos.150691.

25. C. Molineros, E. Arcaute, D. Smith, and M. Batty, "The Fractured Nature of British Politics" (2015), arXiv:1505.00217.

26. Jacobs, *American Cities*.

27. Alexander, "City Is Not a Tree."

28. T. C. Schelling, *Micromotives and Macrobehavior* (New York: W. W. Norton, 1978).

29. J. Cary, *Survey of the High Roads from London to Hampton Court … Richmond* (Arundel Street Strand, London: John Carey, 1790).

30. Patrick Abercrombie's iconic diagram of London neighborhoods was but one of the key ideas in his *Greater London Plan 1944* (London: His Majesty's Stationery Office), published in 1945. The plan also introduced various ideas that are still part of the current plan, namely greenbelts, various transport corridors, and retail hubs.

31. We introduced the paradox earlier in this and in the first chapter. It is our second principle, which pertains to the way distance and time are being distorted by current information and related transportation technologies. The quote is taken from Glaeser, *Triumph of the City*, 60.

32. Cairncross, *Death of Distance*.

33. Abercrombie, "Greater London Plan."

34. Le Corbusier, *The City of Tomorrow and Its Planning* (New York: Dover Publications, 1929).

35. F. L. Wright, *When Democracy Builds* (Chicago, IL: University of Chicago Press, 1945).

# 第4章

1. Louis Sullivan coined the phrase "form ever follows function" in 1896 in his article "The Tall Office Building Artistically Considered," *Lippincott's Magazine*, March 23, 403–409. This came to be one of the battle cries of the modern movement in art and architecture. Yet 50 years later, by mid-century, the movement was under severe scrutiny by many commentators, such as Reyner Banham, whose *Theory and Design in the First Machine Age* is widely regarded as one of the most incisive analyses of modern architecture. In the second edition of his book, published in 1980, he argued: "The Modern movement, too, is finally in disrepute. ... Every now and again the Machine Aesthetic will produce a burst of creative speed, but in general this grand old vehicle is nowadays just spluttering its way to the junkyard" (9–10).

2. J. W. von Goethe, *Zur Morphologie* (Stuttgart, Germany: J. G. Cotta Publishers, 1817), 201.

3. Almost as soon as town planning emerged in the late 19th century as an institution of the state in many developed countries, transport planning came to be dominated by engineers, while land use planning and urban design were dominated by architects. Transport planning was considered quite separate from land use planning in the early years of the last century, reflecting a tension between engineering and aesthetics. But by the 1950s, a succession of calls urged integrating these two domains; this is still a major quest. See, for example, R. B. Mitchell and C. Rapkin, *Urban Traffic: A Function of Land Use* (New York: Columbia University Press, 1954).

4. C. S. Fischer, *America Calling: A Social History of the Telephone to 1940* (Berkeley, CA: University of California Press, 1994). Fischer also wrote extensively on social networks; see, for example, C. S. Fischer, *To Dwell Among Friends: Personal Networks in Town and City* (Chicago IL: University of Chicago Press, 1982). But there has been little work on the detailed processes that underpin these kinds of social networks, with the exception of work by Anna Lee Saxenian; for example, see her 1996 book, *Regional Advantage: Culture and Competition in Silicon Valley and Route 128* (Cambridge, MA: Harvard University Press).

5. One of the earliest and most influential explorations of the new networked global economy with respect to cities—in fact, long before the Internet was invented—were articles on non-place urban realms by Melvin Webber. His chapter "The Urban Place and the Non-Place Urban Realm," published in 1964 in M. M. Webber et al., eds., *Explorations into Urban Structure* (Philadelphia: University of Pennsylvania Press), is one of the most prescient speculations about the contemporary functioning of our global urban world.

6. For a thorough review, see J. Hanson, "Order and Structure in Urban Design: The Plans for the Rebuilding of London after the Great Fire of 1666," *Ekistics* 56, no. 334–335 (1989): 22–42.

7. Jacobs pictured this kind of diversity in her 1961 book *The Death and Life of Great American Cities*, in which she describes the great variety of the city as a sidewalk ballet. She wrote:

> Under the seeming disorder of the old city, wherever the old city is working successfully, is a marvelous order for maintaining the safety of the streets and the freedom of the city. It is a complex order. Its essence is intricacy of sidewalk use. … The ballet of the good city sidewalk never repeats itself from place to place, and in any one place is always replete with improvisations. … The stretch of Hudson Street where I live is each day the scene of an intricate sidewalk ballet. (201)

8. There are many sources that map ancient cities from the classical and pre-classical eras. Tony Morris's *History of Urban Form: Before the Industrial Revolutions* (3rd ed., London: Longman, 1994) is a good summary, but a more extensive set of examples is contained in two books, both published in 1999, by Spiro Kostof: *The City Shaped: Urban Patterns and Meanings Through History*, and *The City Assembled: The Elements of Urban Form Through History* (London: Thames and Hudson).

9. A selection of Renaissance plans is contained in Helen Rosenau's book *The Ideal City: Its Architectural Evolution* (London: Studio Vista, 1974).

10. Von Thünen, *Isolated State*.

11. R. E. Park and E. W. Burgess, *The City* (Chicago, IL: The University of Chicago Press, 1925).

12. The von Thünen model was rediscovered by those who started the field of regional science in the late 1950s. An early paper by the astrophysicist Martin Beckman remained unpublished for a number of years; see M. J. Beckman, "On the Distribution of Urban Rent and Residential Density," *Journal of Economic Theory* 1 (1969): 60–67. It was, however, Bill Alonso in his PhD thesis at the University of Pennsylvania who embedded the model in a demand-based microeconomic framework, establishing a partial spatial equilibrium that defined densities and rents in the way von Thünen had originally suggested. Alonso's 1964 book *Location and Land Use: Toward a General Theory of Land Rent* (Cambridge, MA: Harvard University Press) opened these ideas to the wider world and established a line of research referred to as new urban economics that attracted various high-profile mathematical economists in the 1970s and 1980s. The field had lost much of its momentum by the 1990s as it became embedded in urban economic growth theory, trade analysis, and urban econometrics, and as many of its theoretical constructs came to be viewed as simplistic and unrealistic.

13. R. Florida, *The New Urban Crisis* (New York: Basic Books, 2017).

14. Park and Burgess, *The City*; these social ecologists established the idea of the zone of transition, an inner area in the industrial city between what they called the factory zone and the residential zone associated with the working class.

15. Glaeser, *Triumph of the City*.

16. Paul Krugman's 1996 book, *The Self-Organizing Economy*, deals with various location theories a little beyond the traditions of urban economics. The quote in question is from page 13.

17. Joel Garreau, *Edge City: Life on the New Frontier* (New York: Doubleday, 1991).

18. Richard Meier, in a remarkably prescient but largely unknown book, anticipated much of what now preoccupies our concern for information and networks in cities in his *A Communications Theory of Urban Growth* (Cambridge, MA: MIT Press, 1962).

19. One of the main themes in my book *The New Science of Cities* is the notion that it is interactions, not actions—flows between locations—that constitute the key way of understanding the contemporary city. This is a big switch from the way we have thought about cities during the last half-century.

20. The selection of abstracted city networks is taken from John Cary's *Survey of the High Roads*; Johann Kohl's *Der Verkehr und die Ansiedelung der Menschen in ihrer Abhangigkeit uon der Gestaltung der Eudoberflache* (Leipzig, Germany: Arnoldische Buchhandlung, 1841); Charles Minard's *Des Tableaux Graphiques et des Cartes Figuratives* (Paris: E. Thunot et Cie, 1861); R. Unwin, *Town Planning in Practice: An Introduction to the Art of Designing Cities and Suburbs* (London: T. F. Unwin, 1909); and Alasdair Rae's 2017 work journey flow visualizations, available at http://www.undertheraedar.com/2010/09/flow-map-layout.html.

21. Analogies between the human body and the city appear everywhere in the literature on cities, the earliest references to which go back to antiquity. Richard Sennett's *Flesh and Stone: The Body and the City in Western Civilization* (London: Faber and Faber, 1994) provides a detailed historical account, while the analogy has been pursued by many practicing architect-planners, as portrayed in Victor Gruen's 1965 book *The Heart of Our Cities: The Urban Crisis, Diagnosis and Cure* (London: Thames and Hudson).

22. E. G. Ravenstein, "The Laws of Migration," *Journal of the Statistical Society of London* 48, no. 2 (1885): 167–235.

23. There is some dispute about who is originally responsible for this phrase, Plato or Heraclitus: see https://en.wikiquote.org/wiki/Heraclitus. Leonardo da Vinci's *Notebooks*, published in 1955 and translated and arranged by Edward MacCurdy (New York: Braziller), are available at https://archive.org/details/noteboo00leon.

24. Benton MacKaye published very little, but in 1928 his book *The New Exploration* (New York: Harcourt and Brace) was one of the most influential statements about the philosophy of regional planning. It gained the attention of Patrick Geddes in later life, who advised MacKaye to call the field he was pioneering "geotechnics"; see B. MacKaye, *From Geography to Geotechnics* (Urbana, IL: University of Illinois Press, 1968).

25. M. Lenormand et al., "Influence of Sociodemographic Characteristics on Human Mobility," *Scientific Reports* 5 (2015): 10075, doi:10.1038/srep10075; and H. Barbosa-Filho et al., "Human Mobility: Models and Applications," 2017, arXiv:1710.00004v1.

26. D'Arcy Wentworth Thompson's seminal book, published in 1917, *On Growth and Form* (Cambridge, UK: Cambridge University Press), introduced biology to formal mechanisms of morphogenesis (qualitative change as the size and scale of an organism evolve through growth). His work implicitly introduced us to allometry. Haldane and Huxley took this further during the period when the new genetics was being discovered; see J. B. S. Haldane, "On Being the Right Size," *Harper's Magazine*, March 1926, 424–427; and J. S. Huxley's 1932 *Problems of Relative Growth* (Baltimore, MD: Johns Hopkins University Press, 1993).

27. Thompson's "diagram of forces" was devised to show how morphologies emerged. He said one must study not only finished forms, but also the forces that molded them: "The form of an object is a 'diagram of forces,' in this sense, at least, that from it we can judge of or deduce the forces that are acting or have acted upon it." *Growth and Form*, 11.

28. Ibid., 14.

29. Patrick Geddes wrote extensively about urban form and the processes of evolution, focusing on urban spread and sprawl, in his book *Cities in Evolution* (for quotation, see page 26). Thompson wrote about the same kinds of processes in the evolution of biological systems (*Growth and Form*, 132–133). Neither author referred to the other; this is somewhat of a mystery, as they were colleagues for 30 years in the same university and both, 100 years later, are feted for their insights into the morphology of cities and analogous physical systems.

30. In the 1990s, Geoffrey West was instrumental in developing a theory of scale based on allometry, linking branching patterns in animal and plant populations using ideas from the physics of scaling. He has since extended these ideas to cities and corporations. All are included in his grand synthesis, his 2017 book *Scale: The Universal Laws of Life and Death in Organisms, Cities and Companies* (London: Weidenfeld and Nicolson).

31. Barthelemy, *Structure and Dynamics of Cities*.

32. M. Batty and P. Ferguson, "Defining Density," *Environment and Planning B* 38 (2011): 753–756.

33. Bettencourt and his colleagues have written many papers illustrating that from conventional city definitions based on administrative units, incomes appear to scale superlinearly with respect to population size; their original paper is L. M. Bettencourt et al., "Growth, Innovation, Scaling, and the Pace of Life in Cities," *Proceedings of the National Academy of Sciences USA* 104, no. 17 (2007): 7301–7306.

34. M. Gonzalez-Navarro and M. A. Turner, "Subways and Urban Growth: Evidence from Earth, Spatial Economics Research Centre," SERC Discussion Paper No. 195 (2016), London School of Economics; and C. Roth, S. M. Kang, M. Batty, and M. Barthelemy, "A Long-Time Limit for World Subway Networks," *Journal of the Royal Society Interface* 9, no. 75 (2012): 2540–2550, doi:10.1098/rsif.2012.0259.

35. Dunbar, "Neocortex Size."

36. Marshall, *Principles*; and Bettencourt et al., "Growth, Innovation, Scaling."

37. E. Arcaute et al., "Constructing Cities, Deconstructing Scaling Laws," *Journal of the Royal Society Interface* 12 (2015): 20140745.

38. Le Corbusier, *City of Tomorrow*.

39. G. B. Dantzig and T. L. Saaty, *Compact City: A Plan for a Liveable Urban Environment* (San Francisco: W. H. Freeman and Company, 1973); Y. Charbit, "The Platonic City: History and Utopia," *Population* 57, no. 2 (2002): 207–235; and E. Howard, *To-morrow: A Peaceful Path to Real Reform* (London: Routledge, 2009), first published in 1898.

40. Frank Lloyd Wright describes Broadacre City in his 1932 book *The Disappearing City* (New York: William Farquhar Payson). For his 1955 Illinois Building, see https://en.wikipedia.org/wiki/The_Illinois; and his 1957 book *A Testament* (New York: Horizon Press).

41. Alexander, "City Is Not a Tree."

42. W. Alonso, "The Economics of Urban Size," *Papers and Proceedings of the Regional Science Association* 26 (1971): 67–83.

43. H. W. Richardson, *The Economics of Urban Size* (Farnborough, UK: Saxon House, 1973).

# 第 5 章

1. Geoffrey West's recent book *Scale* is the best survey of allometry in physical and social systems there is. For the longevity of humankind, the history of the average lifespan is complicated, but a good overview is at https://en.wikipedia.org/wiki/Life_expectancy.

2. The basic paper demonstrating the superlinearity between incomes and population was summarized in Bettencourt et al., "Growth, Innovation, Scaling." Departures from superlinearity are key to the results for UK cities in Arcaute et al., "Constructing Cities." Accessibility rather than income appears to scale superlinearly with population size for UK cities; see M. Batty, "A Theory of City Size (Perspectives)," *Science* 340, no. 6139 (2013): 1418–1419.

3. M. Bornstein and H. Bornstein, "The Pace of Life," *Nature* 259, no. 19 (February 1976): 557–558.

4. J. D. Walmsley and G. J. Lewis, "The Pace of Pedestrian Flows in Cities," *Environment and Behavior* 21, no. 2 (1989): 123–150.

5. S. Milgram, "The Experience of Living in Cities," *Science* 167, no. 3924 (1970): 1461–1468.

6. Morris, "History of Urban Form."

7. S. A. Thompson, "Which Cities Get the Most Sleep?" *Wall Street Journal*, August 15, 2015, http://graphics.wsj.com/how-we-sleep.

8. Formal studies of the high-frequency city, whose rhythms vary over minutes, hours, and days, do not appear to have been carried out prior to Chapin and Stewart's 1953 "Population Densities around the Clock," reprinted in 1959 in H. H. Mayer and C. F. Kohn, eds., *Readings in Urban Geography*, (Chicago: University of Chicago Press), 180–182. In fact, the wider literature on cities from antiquity is full of anecdotal descriptions of how people interact with one another in real time.

9. We noted Richard Meier's 1962 book in the last chapter. It is probably the only serious attempt at thinking about a framework for the real-time, high-frequency city ever written to date, written during a period when our thinking about cities was just beginning to break out of its physicalist, architectural past and move beyond the Machine Age.

10. For the last 200 years, cities and economies have been conceived as if they are always in a static equilibrium. In the last 25 years, complexity theory, experimental economics, and the wider role of cognition in studies of human behavior have directly challenged this paradigm of equilibrium, and it is no longer the cornerstone of social science it was once perceived to be. There are many commentaries on this, but for cities, see my essay, "Cities in Disequilibrium," in J. Johnson et al., eds., *Non-Equilibrium Social Science and Policy: Introduction and Essays on New and Changing Paradigms in Socioeconomic Thinking* (New York: Springer, 2017), 81–96.

11. Yochai Benkler's *The Wealth of Networks* (New Haven, CN: Yale University Press), published in 2006, is a comprehensive treatment of network effects in economics, while Eric Beinhocker's *The Origin of Wealth: Evolution, Complexity, and the Radical Remaking of Economics* (Boston: Harvard Business School Press), published in 2006, sets these network effects within the wider context of complexity theory.

12. Tom Standage's book *The Victorian Internet: The Remarkable Story of the Telegraph and the Nineteenth Century's On-line Pioneers* (London: Bloomsbury), published in 1998, provides a wonderful speculation that the first Industrial Revolution had its own Internet—essentially, the telegraph. In a way, his thesis marks out the pre-industrial from the post-industrial age, with global networks providing the essential

difference. Andrew Blum's 2012 book *Tubes: A Journey to the Center of the Internet* (London: Ecco Press) brings the evolution of global networks up to date, but with a focus on the hardware of the computer-communications revolution.

13. There are many sources: for example, the number of Google searches can be gleaned from http://www.internetlivestats.com/google-search-statistics, while the total global number of emails is from https://www.radicati.com/wp/wp-content/uploads/2015/02/Email-Statistics-Report-2015-2019-Executive-Summary.pdf.

14. M. Batty, "New Ways of Looking at Cities," *Nature* 377 (1995): 574.

15. Torsten Hägerstrand introduced the notion of space-time trajectories for individuals, which could be plotted in three-dimensional space, during the development of behavioral geography in the 1960s. The $x$ and $y$ dimensions locate the individual in space, while the $z$ dimension records time (during the 24-hour day, or over whatever period the activity took place). An individual's space-time path can thus be plotted, and clusters of such paths identified and associated with different individuals and different activities. See T. Hägerstrand, "What about People in Regional Science?" *Papers of the Regional Science Association* 24 (1970): 7–21.

16. A. Greenfield, *Radical Technologies: The Design of Everyday Life* (London: Verso, 2017).

17. Meier, *Communications Theory*, 1.

18. The term "quantified self" has been associated with Gary Wolf and Kevin Kelly since their founding of the movement in 2007; see the Quantified Self Institute in Groningen, The Netherlands (https://qsinstitute.com/about/what-is-quantified-self).

19. S. Gray, O. O'Brien, and S. Hügel, "Collecting and Visualizing Real-Time Urban Data through City Dashboards," *Built Environment* 42, no. 3 (2016): 498–509.

20. Dashboards with extended analytics are being developed by Rob Kitchin's group at the National University of Irelands at Maynooth; see http://dashboards.maynoothuniversity.ie and their Dublin dashboard at http://www.dublindashboard.ie. Also see R. Kitchin, T. Lauriault, and G. McArdle, "Knowing and Governing Cities through Urban Indicators, City Benchmarking and Real-Time Dashboards," *Regional Studies, Regional Science* 2 (2015): 1–28; and R. Kitchin, T. Lauriault, and G. McArdle, eds. *Data and the City* (London: Routledge, 2017).

21. IBM, "Watson Marketing: 10 Key Marketing Trends for 2017," https://www-01.ibm.com/common/ssi/cgi-bin/ssialias?htmlfid=WRL12345USEN.

22. See C. Zhong, M. Batty, E. Manley, and J. Wang, "Variability in Regularity: A Comparative Study of Urban Mobility Patterns in London, Singapore and Beijing Using Smart-Card Data," *PLoS ONE*, 2016, doi:10.1371/journal.pone.0149222; and J. Reades, C. Zhong, E. Manley, R. Milton, and M. Batty, "Finding Pearls in London's Oysters," *Built Environment* 42, no. 3 (2016): 365–381.

23. R. Milton, Geospatial Computing: Fundamental Architectures and Algorithms, unpublished PhD thesis, Centre for Advanced Spatial Analysis, University College London, 2017.

24. Jon Reades has pieced together the flows on all the segments of the London tube by minute and location for three months' worth of Oyster card data from the summer of 2012. This produces a synthetic week of flow data, which when animated resembles blood flow; see https://vimeo.com/41760845.

25. Pedro Miguel Cruz produced an earlier animation of traffic flow in Lisbon in analogy to blood flow as part of his work with MIT's Senseable Cities Laboratory; see the movie at https://vimeo.com/31031656) and http://pmcruz.com/information -visualization/lisbons-blood-vessels.

26. Reades et al., "Finding Pearls."

27. Carlo Ratti and his partners in the MIT Senseable Cities Lab have produced a fascinating visualization of credit card flows for Spain from this data. View the movie at https://www.youtube.com/watch?v=8J3T3UjHbrE.

28. J. Serras et al., "Retail Model Performance Using Transaction Card Data," (presented at the EUNOIA Final Review, Madrid, November 2014, http://eunoia-project .eu/doc/finalevent/; available from joan@prospective.io).

29. F. Neuhaus, Urban Rhythms: Habitus and Emergent Spatio-Temporal Dimensions of the City, unpublished PhD thesis, Centre for Advanced Spatial Analysis, University College London, 2012.

30. P. A. Longley and M. Adnan, "Geo-temporal Twitter Demographics," *International Journal of Geographical Information Science* 30, no. 2 (2016): 369–389.

31. Neuhaus, "Urban Rhythms."

32. Leticia Roncero, "Eric Fischer's Marvelous Maps," May 14, 2015, Flickr Blog, http://blog.flickr.net/en/2015/05/14/eric-fischers-marvelous-maps.

33. Paul Butler visualized this data in "Visualizing Friendships," December 13, 2010, at https://www.facebook.com/notes/facebook-engineering/visualizingfriendships /469716398919 and http://www.notcot.com/archives/2010/12/a-world-mapped-by -friends.php.

34. P. Khanna, *Connectography: Mapping the Future of Global Civilization* (New York: Random House, 2016).

35. In her second book, *The Economy of Cities*, Jacobs defied the conventional wisdom of that time by suggesting that pockets of urbanization—embryonic cities, if you like—existed even in nomadic times, and both urbanization and the Agricultural Revolution went hand in hand in moving the world away from tribal existence. We note her work in this regard in earlier chapters, particularly chapter 4.

36. Alexander, "City Is Not a Tree."

37. M. Batty and P. Longley, *Fractal Cities: A Geometry of Form and Function* (London: Academic Press, 1994); http://www.fractalcities.org.

# 第 6 章

1. Terry McGee coined the word "desakota" (from the Indonesian *desa*, "village," and *kota*, "city") from his extensive observations of rapid urban development in southeast Asia. See T. McGee, "Urbanisasi or Kotadesasi? Evolving Patterns of Urbanization in Asia," in F. J. Costa, A. K. Dutt, L. J. C. Ma, and A. G. Noble, eds., *Urbanization in Asia* (Honolulu: University of Hawaii Press, 1989), 93–108; and https://en.wikipedia.org /wiki/Desakota.

2. The Reverend Parkes Cadman so defined the skyscraper in 1916 with specific reference to the Woolworth Building. See his foreword in Edwin Cochrane's *The Cathedral of Commerce* (New York: Broadway Park Place Company, 1916), archived at http://archive.org/stream/thecathedralofco00cochiala#page/28/mode/2up; and Philip Sutton's blog post in 2013, https://www.nypl.org/blog/2013/04/22/wool worth-building-cathedral-commerce.

3. Bertie Wells (always referred to as H. G.) in his 1902 book *Anticipations*, 36.

4. Ibid., 47.

5. Ibid., 61.

6. Ibid., 43. Wells was an intellectual whose scientific and literary contributions linked fact to fiction. He studied under Thomas Huxley, Darwin's bulldog, and in this context met Patrick Geddes, whose ideas about the evolution of cities are entirely consistent with Wells's proposition. Although, like von Thünen, Wells hardly referred to Geddes's work on cities in his writings, and although there was some mutual respect between them, there was clearly a competitive edge to their association; see Alex Law's paper in 2015, "The Ghost of Patrick Geddes: Civics As Applied Sociology," *Sociological Research Online* 10, no. 2, http://www.socresonline .org.uk/10/2/law.html.

7. William Whyte was the chief editor of the book *The Exploding Metropolis* (with Bello, Freedgood, Seligman, and Jacobs).

8. Jacobs spelled out these ideas in her contribution to Whyte et al., *Exploding Metropolis*, 157–185, as well as in her first book, *Great American Cities*.

9. The 19th century was full of strident, usually negative statements about the process of urbanization. William Cobbett led the assault with his 1821 book *Rural Rides* (London: T. Nelson and Company; p. 144), available at http://www.gutenberg.org /files/34238/34238-h/34238-h.htm.

10. William Morris's diatribe is from his lecture to University College Oxford on November 7, 1883, "Lectures on Socialism: Art Under Plutocracy," reproduced by A. H. R. Ball, *Selections from the Prose Works of William Morris* (Cambridge, UK: Cambridge University Press, 1931), 108–110; available at https://www.marxists.org /archive/morris/works/1883/pluto.htm.

11. Geddes, *Cities in Evolution*, 97.

12. Reid Ewing has written several authoritative papers on suburbanization, primarily in the United States; see R. Ewing, "Is Los Angeles-Style Sprawl Desirable?" *Journal of the American Planning Association* 66, no. 1 (1997): 107–126.

13. Reproduced from M. Davies, *Ecology of Fear: Los Angeles and the Imagination of Disaster* (New York: Vintage Books, 1999).

14. There is an extensive literature on urban sprawl. An early review grounded in contemporary theory is Kenneth T. Jackson's *Crabgrass Frontier: The Suburbanization of the United States* (New York: Oxford University Press, 1985); a more recent comprehensive review is Karyn Lacy's "The New Sociology of Suburbs: A Research Agenda for Analysis of Emerging Trends," *Annual Review of Sociology* 42 (2016): 369–384.

15. J. Lessinger, "The Case for Scatteration: Some Reflections on the National Capital Region Plan for the Year 2000," *Journal of the American Institute of Planners* 38, no. 2 (1962): 159–169.

16. P. Gordon and H. W. Richardson, "Are Compact Cities a Desirable Planning Goal?" *Journal of the American Planning Association* 66, no. 1 (1997): 95–106.

17. Equifinality in the context of urban form is touched upon by Batty and Longley in *Fractal Cities* and explored in more formal terms by M. Batty, "Cities as Complex Systems: Scaling, Interactions, Networks, Dynamics and Urban Morphologies," in R. Meyers, ed., *Encyclopedia of Complexity and Systems Science*, vol. 1 (Berlin: Springer, 2009), 1041–1071.

18. NASA is continually improving its night lights data, which monitors energy pulses from human settlements globally; see https://www.nasa.gov/feature/goddard /2017/new-night-lights-maps-open-up-possible-real-time-applications; for the Tokyo map, see the NASA resource https://earthobservatory.nasa.gov/Features/CitiesAtNight.

19. Glaeser's *Triumph of the City* focuses on the return to the central city, while, more recently, Florida in his 2017 book *The New Urban Crisis* suggests (in chapters 4 and 5) that these reverse migrations are more complex than it might, at first glance, appear.

20. In his 1991 book, *Edge City*, Garreau first popularized the term. The Merriam-Webster online dictionary suggests "edge city" was first used in 1988, defining it as "a suburb that has developed its own political, economic, and commercial base independent of the central city"; see https://www.merriam-webster.com/dictionary /edge%20city.

21. The idea that wealth "trickles down" the income spectrum from rich to poor, together with the notion that in such an economy a "rising tide (of wealth) raises all boats," is deeply embedded in traditional economic theory. The Chicago social ecologists adopted it implicitly in their model of how a Western industrialized city is structured (see Park and Burgess, *The City*), but it has been widely questioned in the last 50 years by many economists and politicians; see Gerald M. Meier and Joseph E. Stiglitz, eds., *Frontiers of Development Economics: The Future in Perspective* (Washington, DC: World Bank Publications, 2001).

22. Hanson, "Order and Structure."

23. Joseph Schumpeter wrote about creative destruction and long waves from the 1920s on, but did not publish a fully comprehensive analysis until 1938 in his *Capitalism, Socialism and Democracy* (London: George Allen and Unwin Ltd).

24. R. Foster and S. Kaplan, *Creative Destruction: Why Companies That Are Built to Last Underperform the Market and How to Successfully Transform Them* (New York: Doubleday, 2001).

25. Applied to the relative economic size of firms, these dynamics are discussed in M. Batty, "Visualizing Creative Destruction," Centre for Advanced Spatial Analysis, working paper 112, 2007, University College London, http://www.casa.ucl.ac.uk/workingpapers/paper112.pdf.

26. Chandler, *Urban Growth*.

27. Max Page has applied the generic notions of creative destruction associated with Schumpeter to the development of Manhattan during its first skyscraper phase in his 1999 book, *The Creative Destruction of Manhattan: 1900–1940* (Chicago: University of Chicago Press), 2.

28. Ibid., 3.

29. During the 12th and 13th centuries, there were up to 180 towers constructed in Bologna, possibly for defensive purposes, but their precise purpose is unknown. Towers up to 100 meters (328 feet) were constructed, though most had been demolished by the 20th century, with less than 20 now standing; see https://en.wikipedia.org/wiki/Towers_of_Bologna.

30. Elisha Otis invented the mechanism that stopped an elevator falling if the cable was broken, but his company took off only after his relatively early death in 1861. It is one of the few companies from that era that is still a major force in construction.

31. It was Louis Sullivan and his associate Dankmar Adler who designed the Guaranty Building (now the Prudential Building) in downtown Buffalo. This is one of the best examples of early skyscraper design, as well as the execution of Sullivan's own mantra "form follows function" discussed in chapter 4.

32. See the Reverend Parkes Cadman, "Cathedral of Commerce."

33. C. Gilbert, "The Financial Importance of Rapid Building," *Engineering Record* 41 (1900), no. 623, quoted in J. Barr and J. Cohen, "Why are Skyscrapers So Tall? Land Use and the Spatial Location of Buildings in New York," 2010, available at https:// www.aeaweb.org/conference/2011/retrieve.php?pdfid=352.

34. Homer Hoyt was one of the first economists to formally discuss such cycles in his 1933 book *One Hundred Years of Land Values in Chicago* (New York: Arno Press, reprinted 1970); more recently, Richard Barras has explored this kind of urban dynamics in his 2009 book *Building Cycles: Growth and Instability* (London: Wiley-Blackwell).

35. For the databases used, see Emporis (http://www.emporis.com), the Skyscraper Page (https://skyscraperpage.com), and the Skyscraper Center (http://www.skyscrapercenter .com).

36. Andrew Lawrence first presented his index in 1999 in his paper "The Curse Bites: Skyscraper Index Strikes," Property Report, Dresdner Kleinwort. Benson Research.

37. Mark Thornton's analysis in 2005 in his paper "Skyscrapers and Business Cycles" (*The Quarterly Journal of Austrian Economics* 8, no. 1: 51–74) assumed that the boom was coming to an end. A more recent analysis of the Great Recession with a focus on building is in E. Boyle, L. Engelhardt, and M. Thornton, "Is There such a Thing as a Skyscraper Curse?" *The Quarterly Journal of Austrian Economics* 19, no. 2 (2012): 149–168.

38. We have referred to Zipf and his rank-size methods of analysis several times, particularly in chapter 2. We use the same methods for examining the size of skyscrapers that we used for cities in chapter 2; see Zipf, *Human Behavior*.

39. The most comprehensive analysis of any city with respect to skyscrapers and the economics of their development has been made by Jason M. Barr in *Building the Skyline: The Birth and Growth of Manhattan's Skyscrapers* (New York: Oxford University Press, 2016).

# 第 7 章

1. Kondratieff first presented his ideas in 1925 in his book *The Major Economic Cycles*, republished as *The Long Wave Cycle*, translated by G. Daniels (New York: E. P. Dutton, 1984). It was Schumpeter who named the waves after Kondratieff, but Kondratieff himself called them long waves in his original article in 1926; see N. D. Kondratieff, "The Long Waves in Economic Life," *The Review of Economics and Statistics* 17 (1926, 1935): 105–115, translated by W. F. Stolper. His Wikipedia entry provides a full account of his short but significant contribution and his subsequent persecution, a direct consequence of his continued support for Lenin's New Economic Policy; see https://en.wikipedia.org/wiki/Nikolai_Kondratiev.

2. J. Schumpeter, *Business Cycles: A Theoretical, Historical, and Statistical Analysis of the Capitalist Process* (1923; reprint, New York: McGraw-Hill, 1939).

3. See Page, *Creative Destruction of Manhattan*, and M. Batty, "The Creative Destruction of Cities," *Environment and Planning B* 34 (2007): 1–4.

4. Schumpeter, "Business Cycles."

5. P. Hall, "The Geography of the Fifth Kondratieff Cycle," *New Society* 26 (March 1981): 535–537; and P. Hall and P. Preston, *The Carrier Wave: New Information Technology and the Geography of Innovation 1846–2003* (London: Unwin Hyman, 1988).

6. Wells, *Anticipations*.

7. R. Kurzweil, *The Singularity Is Near* (New York: Viking Press, 2005), and H. von Foerster, P. M. Mora, and L. W. Amiot, "Doomsday: Friday, November 13, AD 2026," *Science* 132 (1960): 1291–1295.

8. Wells, *Anticipations*.

9. I do not believe Tobler ever thought of this first law of geography as being his when he described it in the paper "A Computer Movie Simulating Urban Growth in the Detroit Region" (236), but it acquired this status over the subsequent years. There was never a second or third law, although Tobler, after his first law became well known, himself suggested a second law that relates to the wider environment of the system within which the first law holds; see https://en.wikipedia.org/wiki/Waldo_R._Tobler.

10. Her article in *The Economist*, "The Death of Distance" (September 30, 1995, 5–28), which introduced this special issue, was a timely and highly focused discussion of the annihilation of distance by new digital communications. She elaborated on the article in the book *The Death of Distance*.

11. Glaeser, *Triumph of the City*.

12. A. Toffler, *Future Shock* (New York: Bantam Books, 1970).

13. E. M. Forster, *The Machine Stops* (1909; reprint, London: Penguin Classics, 2017).

14. David Harvey, particularly in his 1989 book *The Condition of Postmodernity: An Enquiry into the Origins of Cultural Change* (Oxford, UK: Blackwell; 284–307), made this kind of transformation one of his central points in his interpretations of the great transition that we are living through.

15. Turing's original papers essentially involved the logic of the algorithm. His associated philosophy of calculation quickly led to him defining such logics as universal machines. Von Neumann took a very different view that was eminently more practical, but nevertheless exploited the idea of universality in computation. Both did much of their pioneering work at Princeton's Institute for Advanced Study between

1935 and 1948. For a comprehensive account, see George Dyson's *Turing's Cathedral: The Origins of the Digital Universe* (New York: Pantheon Books, 2012).

16. Schwab, *Fourth Industrial Revolution*.

17. The binary distinction goes back many centuries, as already pointed out, but it was George Boole in the 1840s who provided the formal basis in logic that was adopted in the notion that an electrical pulse could be used for switching a circuit on and off. Alan Turing used these ideas for representing computation, Claude Shannon associated them with electric circuitry, and Vannevar Bush speculated on where all this might lead with respect to how and what we might compute in the information age. Meanwhile, Gordon Moore articulated the law that has led to their widespread application during the early years of the transistor age, building on the microchip circuitry of John Bardeen, Walter Brattain, and William Shockley at Bell Labs during their invention of the transistor in 1948. The key articles are Claude Shannon's 1937 master's thesis at MIT, published in 1938 as "A Symbolic Analysis of Relay and Switching Circuits," *Transactions of the American Institute of Electrical Engineers* 57, no. 12: 713–723; Alan Turing's 1948 article "Intelligent Machinery," The National Physical Laboratory, http://www.alanturing.net/intelligent_machinery; Vannevar Bush's 1945 article "As We May Think," *The Atlantic Monthly*, 176, no. 1 (July), 101–108; and Gordon Moore in his 1965 article "Cramming More Components onto Integrated Circuits," *Electronics* 38, no. 8 (April 19): 114–117.

18. Moore, "Integrated Circuits"; and E. Brynjolfsson and A. McAfee, *The Second Machine Age: Work, Progress, and Prosperity in a Time of Brilliant Technologies* (New York: W. W. Norton & Company, 2014).

19. Bob Metcalfe coined his law when he worked at Xerox PARC, where he and his team invented the Ethernet, which was initially used for local networking—that is, joining clusters of PCs to basic servers; see Metcalfe, "Metcalfe's Law." It was George Gilder who first brought the world's attention to what Metcalfe articulated in the early 1990s; see his 2000 book *Telecosm: How Infinite Bandwidth Will Revolutionize Our World*.

20. There are many Internet laws, and more will be coined as the digital revolution proceeds. Besides those of Moore and Metcalfe, those by Gilder, Sarnoff, and Zuckerberg are all accredited with generalizations that appear to have some validity with respect to the Internet: see https://www.netlingo.com/word/gilders-law.php (Gilder); https://techcrunch.com/2011/07/06/mark-zuckerberg-explains-his-law-of-social-sharing-video (Zuckerberg); and http://protocoldigital.com/blog/sarnoffs-law/ (Sarnoff);.

21. In chapter 1, we noted Nicholas Negroponte's distinction between a world based on atoms and one based on bits, which we loosely associate with our great transition between a world of no cities and one of cities; see Negroponte, *Being Digital*.

22. This is the earliest reference to the term "smart city" we have come across; see D. V. Gibson, G. Kozmetsky, and R. W. Smilor, *The Technopolis Phenomenon: Smart*

*Cities, Fast Systems, Global Networks* (Lanham, MD: Rowman and Littlefield Publishers, 1992). In the 1980s and early 1990s, the terms "wired city" and "information city" were being more widely used; see W. H. Dutton, Blumler, J. G., and Kraemer, K. L., eds., *Wired Cities: Shaping the Future of Communications* (New York: MacMillan, 1987); and M. Castells, *The Informational City: Economic Restructuring and Urban Development* (New York: John Wiley and Sons, 1991).

23. M. Batty, "The Computable City," *International Planning Studies* 2 (1997): 155–173.

24. See Lucy Williamson's article in 2013, "Tomorrow's Cities: Just How Smart Is Songdo?", *BBC News Technology*, September 2, http://www.bbc.co.uk/news/technology-23757738; and Jane Wakefield's article in 2013, "Tomorrow's Cities: Do You Want to Live in a Smart City?," *BBC News Technology*, August 19, http://www.bbc.co.uk/news/technology-22538561.

25. Singapore has pioneered plans for informating and automating their society and city-state since their 1980s Intelligent Island program; see M. Batty, "Technology Highs," *The Guardian*, June 22, 1989; and http://smartisland.com/singapore-the-smart-island-smart-nation.

26. There are currently (as of the end of 2017) some 2.32 billion smartphones in a world population of 7.59 billion; that is, some 30 percent own such phones. This is projected to rise 2.87 billion by 2020; see https://www.statista.com/statistics/330695/number-of-smartphone-users-worldwide.

27. Attempts to automate routine functions in cities, such as policing and emergency services, have a long and somewhat checkered history. A summary of the key attempts from the 1960s on and an interpretation of the experience is given in M. Batty, "Commentary. Can It Happen Again? Planning Support, Lee's Requiem and the Rise of the Smart Cities Movement," *Environment and Planning B* 41 (2014): 388–391.

28. Anthony Townsend's book deals with several dimensions of the smart cities movement, which also incorporates the development of systems and complexity approaches to cities and urban policy; see Townsend, *Smart Cities: Big Data, Civic Hackers, and the Quest for a New Utopia* (New York: W. W. Norton and Company, 2013).

29. M. Batty, "Cities as Systems of Networks and Flows," in T. Haas and H. Westlund, eds., *In The Post-Urban World: Emergent Transformation of Cities and Regions in the Innovative Global Economy* (London: Routledge, 2017), 56–69.

30. West, *Scale*.

31. The term paradigm is used similarly to Thomas Kuhn's 1962 book *The Structure of Scientific Revolutions* (Chicago: University of Chicago Press). In essence, a paradigm can be defined as a major shift in the way a body of scientists approach a phenomenon after widespread agreement that the old ways are no longer appropriate and the new are able to resolve outstanding problems. In terms of science, these are

usually major changes in world view, but in the social sciences, there can be many paradigms all competing with one another at different scales and embodying different ideologies. It is in this context that we are using the term.

32. Batty, "Can It Happen Again?"; Townsend, *Smart Cities*.

33. Batty, *Computable City*.

34. M. Batty, "Big Data and the City," *Built Environment* 42, no. 3 (2016): 321–337.

35. Schwab, *Fourth Industrial Revolution*.

36. Kondratieff, " Long Waves in Economic Life"; Schumpeter, *Business Cycles*.

37. S. S. Kuznets, *Economic Change: Selected Essays in Business Cycles, National Income, and Economic Growth* (New York: W. W. Norton, 1953).

38. H. J. Naumer, D. Nacken, and S. Scheurer, *The Sixth Kondratieff—Long Waves of Prosperity*, Allianz Global Investors, 2010, Frankfurt am Main, Germany.

39. It is worth noting Stewart Brand's *Long Now Foundation* is an organization associated with developing a long-term perspective on social and technological evolution, endowing society with a long-term collective memory; see S. Brand, *The Clock of the Long Now: Time and Responsibility* (New York: Basic Books, 1999).

40. Von Foerster et al., "Doomsday"; and Kurzweil, *Singularity*.

41. Brynjolfsson and McAfee, *Race Against the Machine*.

42. J. B. S. Haldane, *Possible Worlds and Other Essays* (London: Chatto and Windus, 1926), 285–286.

# 第 8 章

1. In his 2005 book *The Singularity Is Near*, Ray Kurzweil provides a detailed account of how successive waves of new technology are mounting and thus, in his view, leading to singularity before the middle of the 21st century is reached. His law of accelerating returns can be compared to a succession of ever shorter and more intense waves of invention—that is, Kondratieff waves. See his websites for useful archives of the evidence: http://www.kurzweilai.net and http://www.singularity.com/charts.

2. Freeman Dyson in his insightful commentaries on science and the future in his 1989 book, *Infinite in All Directions* (New York: Harper), 180.

3. Kurzweil, *Singularity*.

4. Rick Reider, "The Topic We Should All Be Paying Attention to (in 3 Charts)," 2015, Blackrock Blog, https://www.blackrockblog.com/2015/12/11/economic-trends -in-charts.

5. See R. R. Clewlow and G. S. Mishra, "Disruptive Transportation: The Adoption, Utilization, and Impacts of Ride-Hailing in the United States," research report UCD-ITS-RR-17–07, 2017, Institute of Transportation Studies, University of California, Davis, and CityLab, https://www.citylab.com/transportation/2017/02/uber-lyft -transportation-network-companies-effect-on-transit-ridership-new-york-city/517932.

6. C. Jones and N. Livingstone, "The 'Online High Street' or the High Street Online? The Implications for the Urban Retail Hierarchy," *The International Review of Retail, Distribution and Consumer Research* 28, no. 1 (2018): 47–63, https://doi.org/10.1080 /09593969.2017.1393441.

7. M. Batty, "Invisible Cities," *Environment and Planning B* 17 (1990): 127–130.

8. The received wisdom has somewhat changed in the last 50 years. In her 1969 book *The Economy of Cities*, Jane Jacobs vociferously argued urban pursuits existed even in nomadic times, and that when distinct cities actually emerged in Sumeria, urban life had already become established, alongside the Agricultural Revolution that began around 10,000 BCE.

9. The "second machine age," a term used by Brynjolfsson and McAfee in their 2014 book, was actually first used by J. M. Keynes, according to John Lancaster (see https:// www.lrb.co.uk/v37/n05/john-lanchester/the-robots-are-coming). Keynes wrote about it, but only used the notion of a second age implicitly in his 1931 essay "The Economic Possibilities for our Grandchildren," in his *Essays in Persuasion* (London: Macmillan). In fact, Reyner Banham also used the term in the title of his book 1960 book *Theory and Design in the First Machine Age*; the emphasis was on much earlier technologies than those discussed by Brynjolfsson and McAfee.

10. M. Ford, *The Rise of the Robots: Technology and the Threat of Mass Unemployment* (New York: Basic Books, 2015).

11. There are many books and papers on neural nets and deep learning, but a recent basic text is Ethem Alpaydin's *Introduction to Machine Learning*, 3rd ed. (Cambridge, MA: MIT Press, 2014), which introduces the range of techniques and models that lie at the basis of contemporary AI and pattern recognition.

12. The Tesla accident has been widely reported, since it is the first involving a fatality and a car with autonomous capabilities; see https://www.theguardian .com/technology/2016/jun/30/tesla-autopilot-death-self-driving-car-elon-musk. For reporting on the accident in Phoenix, see https://www.theguardian.com/technology /2018/mar/19/uber-self-driving-car-kills-woman-arizona-tempe and https://www .technologyreview.com/the-download/611094/in-a-fatal-crash-ubers-autonomous -car-detected-a-pedestrian-but-chose-to-not/ (quote in text from latter link).

13. A. M. Turing, "Computing Machinery and Intelligence," *Mind* 59, no. 236 (1950): 460.

14. Artificial intelligence developed very rapidly from the 1950s. The general goal of programming computers was to simulate as closely as possible human decision making. However, by the 1980s, it was generally recognized that this was a fruitless task, and the field switched to considering how computers could be made to produce intelligible outputs, largely through exploiting massive databases and neural net–like algorithms to simulate structures that explained a variety of patterns. The key difference between the early days and the present is that there is no longer any quest for causal explanation. Most current activity, although using language that implies explanation like "learning," is simply based on pattern matching.

15. M. Batty, *Cities and Complexity: Understanding Cities with Cellular Automata, Agent-Based Models, and Fractals* (Cambridge, MA: The MIT Press, 2005).

16. Helen Rosenau's book provides a useful compendium of largely Renaissance ideal city plans; see Rosenau, *The Ideal City*.

17. Figure 8.2(a) is taken from various city plan forms reproduced in Morris's *History of Urban Form*. Naarden is one of the most complete fortified towns in Europe and is part of an outer defensive ring around Amsterdam. Figure 8.2(b) is taken from https://www.iamsterdam.com/en/plan-your-trip/day-trips/castles-and-gardens/naarden.

18. Ebenezer Howard's garden city was first published in 1898 as *Tomorrow: A Peaceful Path to Reform*. A revised second edition was printed in 1902 with a different title, *Garden Cities of Tomorrow*.

19. Batty, *New Science*.

20. *Uxcester Masterplan*, A Report for the Wolfson Economics Prize, Urbed, 2014, available at http://urbed.coop/projects/wolfson-economic-prize.

21. M. Batty, "The Size, Scale, and Shape of Cities," *Science* 319, no. 5864 (February 8, 2008): 769–771.

22. L. Krier, *The Architecture of Community* (Washington, DC: Island Press, 2011).

23. Arturo Soria y Mata produced his Ciudad Lineal in 1882 as an idea for controlled expansion of a city organized around a main transport artery using the example of Madrid: see http://arqui-2.blogspot.co.uk/2014/07/ciudad-lineal-la-utopia-construida-de.html.

24. J. R. Gold, "The MARS Plans for London, 1933–1942: Plurality and Experimentation in the City Plans of the Early British Modern Movement," *Town Planning Review* 66 (1995): 243–267.

25. Llewelyn-Davies, Weeks, Forestier-Walker, and Bor, Milton Keynes Planning Study, *Architects' Journal*, 1969, https://www.architectsjournal.co.uk/news/culture/aj-archive-milton-keynes-planning-study-1969/10016661.article.

26. Rudolf Müller, Osterreichische Wochenschrift fur den offentlich Baudienst, XIV, Jg. 1908. Translated by Eric M. Nay, Cornell University, 1995, http://urbanplanning .library.cornell.edu/DOCS/muller.htm.

27. Charles R. Lamb, "City Plan," *The Craftsman* 6 (1904): 3–13, http://urbanplan ning.library.cornell.edu/DOCS/lamb.htm.

28. Christaller, *Die Zentralen Orte*; and https://blogs.ethz.ch/prespecific/2013/05/01/ diagrams-christaller-central-place-theory. Various idealized central place theory (CPT) landscapes are presented in T. Akamatsu, Y. Takayama, and K. Ikeda, "Self-Organization of Hexagonal Agglomeration Patterns in New Economic Geography Models," *Journal of Economic Behavior and Organization* 99 (2014): 32–52.

29. Thomas Schelling's original article in 1969 "Models of Segregation" (*American Economic Review, Papers and Proceedings* 58: 488–493) was very much a thought experiment with hardly any reference to residential location. The model is elabo- rated a little more in his book *Micromotives and Macrobehavior*.

30. Batty, *Cities and Complexity*.

31. The picture in Figure 8.5(a) is from the Southern Cape Peninsula segregated communities of Masiphumelele and Lake Michelle area, 20 km (12 mi) from Cape Town, South Africa, and is available at http://unequalscenes.com/masiphumelele -lake-michelle.

32. For a comprehensive review and extensions, see W. A. V. Clark and M. Fossett, "Understanding the Social Context of the Schelling Segregation Model," *Proceedings of the National Academy of Sciences USA* 105, no. 11 (2008): 4109–4114.

33. The boundary between Scottsdale, Arizona, and the Salt River Indian Reservation, at https://www.reddit.com/r/CityPorn/comments/71c7w4/the_boundary_between _scottsdale_arizona_usa_and.

34. Tobler, "Computer Movie."

35. Glaeser, *Triumph of the City*, 60.

36. Kurzweil, *Singularity*.

37. Most commentaries on the future, whether from journalists or academics, tend to focus on making predictions. Yuval Harari's recent (2016) book *Homo Deus: A Brief History of Tomorrow* (London: Vintage) is an exception, for he is intent on demonstrating that the future is largely unknowable, as it always has been.

38. Turing, "Computing Machinery," 460.